河姆渡遗址7 000年前稻谷堆积层

河姆渡遗址出土稻谷

浙江省早稻新品种现场观摩会(余姚)

浙江大学农学院师生在余姚考察水稻新品种展示示范

早籼新品种中早39农业部超级稻认定实产验收

余姚市实施的浙江省农作物新品种展示示范基地

U0257274

U0257275

彩图版

现代设施葡萄栽培技术

赵常青　蔡之博
吕冬梅　康德忠　编著

中国农业出版社
北　京

甬优1号

甬优538

甬优1540

秀水134

中早39

甬籼15

图1 作者与严大义教授合影
（左起：赵常青 严大义 蔡之博 康德忠）

图2　作者与日本千叶大学教授合影
[左起：王丹　赵常青　近藤悟（日）　吕冬梅]

图3　作者与我国部分葡萄专家合影
（左起：刘俊　赵常青　罗国光　修德仁　严大义　孔庆山　张平）

编写人员名单

主　编：赵常青（沈阳市林业果树科学研究所）
　　　　蔡之博（沈阳市林业果树科学研究所）
　　　　吕冬梅（沈阳长青葡萄科技有限公司）
　　　　康德忠（沈阳市林业工作总站）

参与编写人员：
　　　　李　军（辽宁省果蚕管理总站）
　　　　王　萍（辽宁省农业机械化技术推广总站）
　　　　穆迎春（沈阳市康平县两家子乡人民政府）
　　　　王　鑫（沈阳市于洪区现代农业示范区管理委员会）
　　　　杜志宏（沈阳市于洪区现代农业示范区管理委员会）
　　　　韩国忠（沈阳市法库县林业局）
　　　　谭成春（沈阳市辽中区林业局）
　　　　张志涛（沈阳市康平县林业局）
　　　　程　刚（沈阳市苏家屯区农林局）
　　　　杨　君（沈阳市沈北新区林业技术推广中心）
　　　　刘小寒（沈阳市新民市林业局）

序

栽培设施能为葡萄生长发育提供良好的生态环境。同时，通过对葡萄生产要素实行全方位调控，能有效调节萌芽、生长、开花、结果乃至休眠等物候期，使葡萄提前或延缓成熟，根据市场需求调节葡萄产期；而且可以防止或减轻葡萄园病、虫、鸟、雹等灾害发生，规避葡萄生产风险，从而实现优质、丰产、安全、高效的现代园艺生产。

作者赵常青研究员从事葡萄科研和推广工作30多年，并亲自经营百亩设施葡萄生产基地，建设多类型栽培设施60余栋，积累了大量设施葡萄科研资料和丰富的生产经验。同时，作者还调查回访了2011年出版的《现代设施葡萄栽培》一书的几百名读者，在总结新经验、发现新问题的基础上，编写了《彩图版现代设施葡萄栽培技术》。全书精选了国内外设施葡萄生产各环节600多幅彩色照片和简笔图片，并配上精辟文字说明，内容翔实丰富，形式生动鲜活，文字通俗易懂，具有较强的可操作性。两书结合在一起形成了"理论与实践"统一、"知识与技术"的紧密结合，相互补充，即使是初从事葡萄生产的人员也能看懂会做，是葡萄爱好者的实用教材，是葡萄生产者的不带薪的"技术顾问"。

严大义

2019年2月20日

于沈阳农业大学

当前，我国设施葡萄产业发展速度快，设施类型多，葡萄品种全，栽培范围广、面积大，科技含量高，经济效益好，是现代农业的重要组成部分，也是农村脱贫致富的好项目。

笔者长期从事葡萄科研与推广工作，积极探索设施葡萄产业发展新技术。为满足当前设施葡萄产业发展需求，组织编写了《彩图版现代设施葡萄栽培技术》一书。本书立足于我国北方设施葡萄生产实际，在总结北方设施葡萄产业现有技术的基础上，也将作者在南方及日本考察葡萄生产积累的见闻及感想，择其精华汇聚到本书当中，以满足读者的需求。

本书通过10个章节，600余幅图片，展现了现代设施葡萄栽培的实用技术，并在介绍传统技术与栽培模式的基础上，编录了国内外近年来涌现出的新设施、新设备、新材料、新品种及新技术，供读者参阅。

在本书编写过程中，吸纳了国内同行的部分文字及图片资料，采集了国外相关信息；特别应提到的是，本书的编写得到本人读研究生时的导师严大义教授的悉心指导，同时提供大量资料并为本书作序，高级农艺师蔡之博参与本书资料收集、编写及修改等工作，工程师康德忠参与调研与资料收集工作，工程师吕冬梅代表沈阳长青葡萄科技有限公司，长期提供实验场地及资金赞助，其他同志参与相关调研及资料收集工作，在此一并致以最诚挚的感谢。

由于专业知识和写作水平所限，书中难免出现一些遗漏或不当之处，恳请广大读者提出宝贵意见。

赵常青

2019年1月

目 录

第一章 葡萄栽培设施类型

设施葡萄栽培可有效调节产期，规避风险，从而实现优质、丰产、安全、高效的目标。为此，近20年来我国设施葡萄产业发展迅速，遍布全国，形成许多产区，其中南方避雨栽培产区、北方大棚及日光温室促成栽培等产区、已经形成我国葡萄产业新的经济增长点。

葡萄栽培设施包括避雨棚、大棚及日光温室3种类型，其中还有部分过渡类型（如小拱棚、地膜、反光膜或反光幕等简易增温、增光、保湿辅助设施）或改进类型（如阴阳大棚、盆栽、无土栽培等生产设施），这次不在本章叙述之内。

一、避雨棚

葡萄通过避雨棚实现避雨栽培，能达到减轻病害发生的目的，使葡萄在高温高湿地区得以发展。避雨棚是我国南方葡萄栽培的主要设施类型（图1-1）。

图1-1 葡萄避雨栽培

据我国葡萄产业体系专家调查，根据生长季节降水量分析，我国陕西西安以东各省份，葡萄都应开展避雨栽培。

（一）小避雨棚

开放式避雨棚，一般南北走向建设，跨度2～2.5米，长度一般不超过100米。塑料薄膜需每年更换。

1. 简易竹木避雨棚　因地制宜，以竹木为材料建成（图1-2），设施简陋，投资少，使用寿命短，竹木拱架一般3～5年需要撤换。

2. 简易钢架避雨棚　以钢材为材料简单连接而成（图1-3），投资稍大，使用寿命10～15年。

图1-2　简易竹木避雨棚（广西桂林）　　图1-3　简易钢架避雨棚（江西井冈山）

3. 标准钢架避雨棚　以钢材为材料组装而成（图1-4、图1-5），专业厂家生产，零部件标准化，投资大，普通钢材钢架避雨棚使用寿命为10～15年，特殊钢材如热浸锌材料使用寿命可达70年，可反复使用，是未来发展的方向。

图1-4　标准钢架避雨棚（江苏）　　图1-5　标准钢架避雨棚（日本）

近年来，在浙江及云南等地，涌现出前期进行封闭式管理的避雨棚，用于促早栽培，获得良好效果（图1-6）。

图1-6 前期封闭式管理避雨棚（云南元谋）

（二）大避雨棚

大避雨棚是在大棚设施的基础上发展而来的，一般为钢架结构，矢高3米左右，跨度6～8米，空间大。塑料薄膜一般3～4年需更换一次。

图1-7 单体钢架大避雨棚（严大义提供）

1. 单体大避雨棚 单体设计，一般由钢管组装而成（图1-7）。

2. 连栋大避雨棚 连体设计，一般由钢管焊接或组装而成，内部空间大（图1-8、图1-9），作业方便，节省土地。

图1-8 简易连栋钢架大避雨棚（沈阳农业大学葡萄实验园）

图1-9 简易连栋钢架大避雨棚（南方）

二、大棚

大棚为封闭式大避雨设施，一般南北方向建设，跨度4～12米，长度40～100米。大棚虽然投资大，但设施坚固耐用，经营风险小，生产成本降低，经济效益较高。通常塑料膜3～4年需更换一次。在降水量较大的地区，建园设计应充分考虑排水，同时也应采用高畦栽培。

大棚是我国南北方广泛采用的设施类型。葡萄通过大棚栽培不仅能减轻病害发生，同时还能有效调节产期，促早或延迟采收，达到提高经济效益的目的。

（一）简易竹木结构大棚

通常由竹木简单连接而成。一般跨度6～12米，矢高2～3米，肩高较低，往往小于1.2米，跨度稍大时，中间需设立柱（图1-10）。建园设计时应充分考虑葡萄架的高度及中间立柱的利用。简易竹木结构大棚使用寿命一般3～5年，期间框架需要反复维修。

图1-10　竹木结构大棚（河北饶阳）
（左：外部；右：内部）

（二）苦土结构大棚

以苦土为原料筑造而成。一般跨度4～6米，矢高2.5～3.0米，肩高较低，往往小于1.5米，跨度大时中间需设立柱（图1-11、图

1-12)。为此建园设计时也应充分考虑葡萄架的高度及中间立柱的利用。苦土结构大棚一般使用寿命6～8年，投资较小，但苦土框架坚固性差，破损后可维修性低，且残片对土壤有污染，目前应用面积越来越少。

图1-11 苦土结构大棚（辽宁沈阳）　　图1-12 苦土结构大棚（内蒙古赤峰）

（三）简易钢架结构单栋大棚

由适度规格的钢管或钢筋简易焊接而成（图1-13）。一般跨度6～8米，矢高3.0～3.5米，肩高1.6～1.8米，中间没有立柱，空间大，作业方便，棚间距2～4米。简易钢架结构大棚投资较大，使用寿命一般为15～20年，且可维修性好，在我国北方应用面积越来越大。

图1-13 简易钢架结构大棚（辽宁沈阳）

简易钢架结构单栋大棚与竹木结构及苦土结构大棚比较，设施强度有很大提高，但还没有安装卡槽、卷膜器等辅助设备，设施往

往还采用手工扒缝放风,不适合大规模生产。伴随着规模化大棚葡萄产业的发展,大棚辅助设备将逐渐完善,如卡槽、卷膜器等将陆续得到应用,大棚设施逐渐升级(图1-14)。

图1-14　简易钢架结构大棚(沈阳长青葡萄园)

(四)标准钢架结构单栋大棚

标准钢架结构单栋大棚以钢材为材料的标准件组装而成。一般跨度6～8米,矢高3.0～3.5米,肩高1.6～2.0米,中间没有设置立柱,空间大,生产作业方便。设施由专业厂家生产,零部件系列标准化,组装灵活,可拆卸,投资大;普通钢材钢架大棚使用寿命10～15年,特殊钢材如热浸锌材料使用寿命可达70年(图1-15)。

图1-15　标准钢架结构大棚(云南开远)

标准钢架结构单栋大棚，安装了卡槽、卷膜器等辅助设备（图1-16），操作越来越简便，在我国经济发达地区应用规模越来越大，是未来发展方向。

图1-16 标准钢架结构大棚（日本）
（安装有卷膜器、卡槽等辅助设备）

（五）连栋大棚

简而言之，将两栋以上的单栋大棚连接在一起便可称为连栋大棚，结构通常为钢架结构。连栋大棚与单栋大棚比较，跨度、矢高等与单栋大棚基本一致；其最大的优势为节省土地，设施内空间大，作业更方便。一般选择高强度塑料膜，可以4～5年更换一次。

根据投资大小与自动化水平的高低分成简易连栋大棚（图1-17）和标准连栋大棚（图1-18）。

图1-17 简易连栋大棚（日本）
（安装有卷膜器、卡槽等辅助设备）

图1-18　标准连栋大棚（左：江苏神园葡萄园；右：云南开远）

（六）多层膜覆盖大棚及连栋大棚

在大棚内增加塑料膜覆盖层数，每层膜间距20～30厘米，达到保温最佳效果。

大棚设施通过多层膜覆盖使葡萄成熟期进一步提早，发挥延长市场供应期，提高经济效益的目的。

目前我国大棚多层膜覆盖设施还处于初级阶段，设施简易（图1-19、图1-20），需要探索与完善。近年来，国内外涌现出比较先进的标准多层膜大棚（图1-21），内层膜根据需要可随时卷放，设施通风管理基本自动或半自动化。

图1-19　简易多层膜覆盖大棚
（辽宁沈阳：4层膜）

图1-20　简易多层膜覆盖大棚
（浙江海盐：2层膜）

图1-21　标准多层膜覆盖连栋大棚
（上海马陆葡萄园）

　　多层膜覆盖大棚保温效果突出，在促早栽培中发挥积极作用，我国对此认识较晚；在日本，葡萄促早栽培都是通过大棚多层膜覆盖实现的（图1-22），再结合热风炉加温，葡萄也可提早上市，值得我国借鉴。

图1-22　标准多层膜覆盖连栋大棚（日本）
（安装有卷膜器、卡槽等辅助设备）

　　在葡萄生长发育过程中，伴随温度提高，应及时逐层除膜，减轻其对光的阻碍作用，提高葡萄光合作用效果。
　　大棚通过多层膜覆盖具有良好的保温效果，在寒冷地区葡萄越冬可简化防寒，在冷凉地区可不必下架防寒，这方面值得寒冷地区探索。

（七）保温覆盖式大棚

在钢架大棚的基础上，设施表面覆盖保温被等材料，设施保温好，可有效调节葡萄产期。寒冷地区（如沈阳以南）葡萄越冬还可对设施进行保温防寒（图1-23）。

图1-23　保温覆盖式大棚（赵胜健提供）
（安装有卷膜器、卡槽等辅助设备）

三、日光温室

日光温室一般沿东西而建，长度在60米以上，最长可达300米，跨度6～9米，矢高3.0～5.0米。塑料膜可3～4年更换，但由于旧膜阻光率大，为了提高光能利用率，常常每年更换新膜，旧膜改做他用。

日光温室广泛分布于我国华北、东北及西北地区，是冷凉和寒冷地区冬季及早春利用光热资源实现促早及延后栽培葡萄的主要设施类型，经过几十年的演变，各地因地制宜，形成了一系列设施类型（图1-24至图1-26）。

图1-24　竹木、砖混日光温室（辽宁沈阳永乐葡萄基地）

图1-25 竹木、土堆式日光温室（甘肃葡萄基地）

图1-26 钢架、土堆式日光温室（辽宁盘锦）

（一）竹木、土堆式日光温室

在经济欠发达地区，资金缺乏，但土地廉价，为了利用当地资源优势，一般建设竹木、土堆式日光温室。竹木框架一般寿命3～5年，每年需维修，土堆式墙体也需要适时维护。优点是设施保温效果好，葡萄产期调节幅度大；缺点是对设施框架及墙体需反复维护或维修，增加运行风险与成本。

在我国西部干旱地区，土地资源丰富，建设土堆式墙体日光温室具有较大的优势（图1-27）。首先，西部地区地广人稀，建设土堆式墙体日光温室具有足够的土地资源，而日光温室内土壤可以通过客土或改土加以解决利用，变当地土壤沙化、盐碱化、石漠化等劣势为优势，实现物尽其用；其次，西部干旱少雨，降雨少可以减少对设施墙体的冲刷，保持了墙体及保温覆盖材料的耐用性，同时干旱少雨（雪）的环境对葡萄生长发育有利，葡萄系耐干旱作物，生长发育所需水分可以通过节水灌溉来解决。

在我国华北及东北广大地区，土壤肥沃，

图1-27　竹木、土堆式日光温室（甘肃）

建设土堆式墙体日光温室发展葡萄，设施内部不必客土，是自然优势。但降水量略大，空气湿度也略高，土堆式墙体需要经常维护，由于空气较潮湿，保温覆盖材料使用寿命也较短，应引起重视。该类设施保温能力强，可用于超早生产或促早生产（图1-28）。

图1-28　竹木、土堆式日光温室
前屋面与后墙（辽宁沈阳新民）

（二）钢架砖混日光温室

在经济较发达地区，由于土地昂贵，一般建设钢架砖混日光温室。钢架砖混日光温室的优点是设施坚固耐用，占地面积小，寿命长，美观等；缺点是投资大，设施保温效果较差，葡萄产期调节幅度略小。

1. 简易钢架砖混日光温室 一般为二四或三七砖混墙体，中间无保温材料；后坡以草帘、针刺棉及旧塑料等非耐久材料覆盖保温，需随时维护；无保温缓冲间（作业室）或仅具临时性保温缓冲间，设施保温效果较差，仅能用于普通促早生产（图1-29）。

图1-29 简易钢架砖混日光温室（辽宁沈阳康平）

2. 高标准钢架砖混日光温室 一般为五零砖混墙体，中间有保温材料；后坡以彩钢、水泥板等坚固材料覆盖保温，不必日常维护，具有良好的保温缓冲间（作业室），设施保温效果较好，可用于促早或普通促早生产（图1-30至图1-32）。

图1-30 高标准钢架砖混日光温室　　图1-31 高标准钢架砖混日光温室
　　　　　（辽宁抚顺）　　　　　　　　　　　（辽宁兴城）

图1-32　高标准钢架砖混日光温室（辽宁抚顺）
（示后坡内外彩钢材料）

（三）钢架无墙体日光温室

近年来，出现了钢架直接落地的日光温室设施类型，墙体及后坡采用保温材料草砖、草帘、彩钢苯板及保温被等建造或直接覆盖而成（图1-33、图1-34）。具有建造施工简单，投资小，不改变土壤结构，不污染环境等特点，且设施保温效果较好，可用于促早或普通促早生产，实用性强，很受欢迎。

图1-33　钢架无墙体日光温室（示后墙草砖及彩钢材料）

图1-34　钢架无墙体日光温室
（辽宁辽阳）
（示后墙后坡外保温）

（四）彩钢滑盖式日光温室

设施主体框架为焊接式上下弦结构钢架，前后屋面设计成半圆形，前屋面覆盖塑料，后屋面为了提高保温效果，内覆盖一层岩棉等保温耐火材料，设施前后屋面外层保温材料是彩钢；后屋面固定，前屋面可滑动伸缩，白天缩回设施接受日照，夜间伸出覆盖设施表面保温（图1-35）。

图1-35　彩钢滑盖式日光温室（辽宁沈阳）
（上：外景；下：内景）

设施坚固耐用，可利用空间大；施工简单，不改变土地结构与性质，环保，保温效果好，但造价高。目前已经在北方开始推广。

（五）双层膜保温日光温室

日光温室设施通过双层膜覆盖能够进一步发挥保温的作用，双层膜间距20～30厘米（图1-36）。双层膜保温日光温室内层膜表面由于不能得到雨水冲刷，易沉积灰尘，应定时除尘，同时高温时节，内层膜需按需卷膜或装卸。该设施保温更好，能使葡萄成熟期进一步提早或延迟，达到延长市场供应期的目的。

图1-36　双层膜保温日光温室（辽宁朝阳）

第二章　设施葡萄常用品种与栽培技术特点

一、品种选择

栽培葡萄，品种选择决定成败。

选择品种应以市场需求为导向，同时更应注重可栽培性。可栽培性即对环境的适应性及栽培技术是否易被掌握。我国各葡萄产区气候差异非常大，不同地域，栽培方式不同、设施不同、市场目标不同，品种选择不尽相同；同一地域，栽培方式不同、设施不同、市场目标不同，品种选择也不尽相同。

宏观而言，我国西部干旱或半干旱地区应选用欧亚种为主，而东部地区应选用抗性强、花芽易分化的欧美杂交种为主；设施促早栽培首先应选择早熟品种，而日光温室促早栽培还应考察品种的休眠期长短、耐弱光能力等；开展多次果生产必须考察所选择品种的花芽分化难易、生育期长短等；产品的销售方式也决定品种的选择方向，如批发销售方式所选择的品种必须集中，可单一化，如采摘或零售，更强调品种的外观形状、色彩及品质，品种可以多样化。总之，选择品种应考虑产地环境、设施条件和栽培技术水平，还应考察市场，了解消费者的消费习惯，科学分析，虚心请教，千万勿想当然，勿求新求洋或盲目照搬。

二、设施葡萄常用品种

葡萄品种根据成熟期的不同，分早熟品种、中晚熟品种等。

（一）早熟品种

1. 夏黑　欧美杂交种，三倍体。日本培育。

果穗圆锥形，紧穗；果粒椭圆形，生产中必须采用植物生长调节剂处理，经植物生长调节剂处理后，穗重500～750克，粒重可增大1倍，7～8克，紫黑色，果粉厚；肉质硬，可溶性固形物含量20%～21%，有草莓香味，甜，品质上（图2-1）。

图2-1　夏黑（尤光提供）
（左：果穗经植物生长调节剂处理；右：丰产状态）

树势强，抗病，丰产。生育期（从萌芽到成熟所需天数）130天左右。目前，该品种在南方栽培较多，其中江浙、云南等地栽培面积较大，是促早或避雨栽培的理想品种。

与此类似的品种还有早夏无核（夏黑早熟芽变）、月光无核、红标无核等，都为三倍体品种，需要植物生长调节剂处理膨大。

栽培技术要点：

①树势强旺，抗病性强，栽培管理容易。

②花芽分化较容易，花序较多，但在个别地区（如东北）如果树势过旺，花芽分化往往较差，而在云南促早栽培时，休眠不足常导致结果稳定性差。

③自然坐果好，但粒小，需采用植物生长调节剂诱导膨大。

④早熟，亩*产量需控制在1 000 ～ 1 500千克，超产果实着色差，适宜各类设施促早与避雨栽培。

2. 京亚　欧美杂交种，四倍体。北京植物园培育。

果穗圆锥形，有的带副穗，平均穗重400克；果粒短椭圆形，平均粒重9.5克，果皮紫黑色；果肉较软，汁多，酸甜，稍有草莓香味，可溶性固形物含量15% ～ 17%（图2-2）。

图2-2　京亚（沈阳）
（左：果穗经植物生长调节剂处理；右：丰产状态）

---

* 　亩为非法定计量单位，1亩 ≈ 667m², 15亩=1公顷。——编者注

抗病性强,丰产性好,不脱粒,耐运输。生育期120～130天。该品种过去在我国东北及华北地区栽培面积较大,现在开始锐减。

栽培技术要点:

①树势强健,抗病性强,管理容易。

②花芽分化容易,花序多。

③自然坐果较差,需采用植物生长调节剂诱导结实与膨大。

④早熟,果实着色较早,且易着色(散射光着色),但酸度较高,应尽量推迟采收。

3.光辉 欧美杂交种,四倍体。亲本香悦 × 京亚。沈阳市林业果树研究所与沈阳长青葡萄科技有限公司联合选育。2010年9月通过辽宁省种子管理局备案登记。

果穗圆锥形,平均穗重650克;果粒圆形,平均粒重11～12克,蓝黑色;果粉厚,果皮厚,韧性强,可溶性固形物含量16%～18%,含酸量0.50%,品质上等。每个浆果通常含种子2～3枚(图2-3)。

图2-3 光辉(左:果穗;右:丰产状态)

树势强健,抗病性强,丰产,生育期120～130天,在东北、华北及四川等地表现良好,是促早与避雨栽培较有希望的品种。

栽培技术要点：

①树势较强，抗病性强，枝条易成熟，无早期落叶现象，栽培管理容易。

②萌芽力强，花芽分化比较容易，花序多，自然坐果好；二次果生产能力强，易超产，需严格控制产量。

③自然结实良好，无大小粒现象，无需植物生长调节剂处理，可简化操作，节省人力。

④易着色（散射光着色），着色整齐一致；转色早，降酸慢，勿早采收；不裂果，挂果期长，较耐运输。

4. 维多利亚（Victoria） 欧亚种，二倍体。罗马尼亚培育。

果穗圆锥形或圆柱形，穗重630克；果粒长椭圆形，粒重9.5克，果皮绿黄色，外观美；果肉硬脆，味甘甜，可溶性固形物含量16%～17%，品质佳（图2-4）。

图2-4 维多利亚（左：果穗；右：丰产状态）

树势中庸，丰产，较抗病。生育期120天左右，是促早或避雨栽培的理想品种。目前，该品种在南北方普遍选用，其中浙江台州、河北饶阳、陕西渭南等地栽培面积较大。

栽培技术要点：

①树势中庸，树体抗病性较强，栽培管理容易。

②花芽分化容易，花序多，自然坐果好，丰产，适宜各类设施促早栽培，也适合二次果生产。

③早熟，果实转色较早，酸度较低，但应避免早采收。

与此类似的品种还有早霞玫瑰、红巴拉多、87-1、京玉、早黑宝、粉红亚都蜜、香妃等。

5.着色香　欧美杂交种，二倍体。辽宁省盐碱地改良利用研究所20世纪60年代以玫瑰露×罗也尔玫瑰杂交育成。系雌能花品种。

果穗圆柱形，带副穗，穗重300～400克，果粒着生极紧密。果粒椭圆形，粉红色至紫红色，通常生产中都实行无核化栽培，经植物生长调节剂处理后粒重5～6克。果肉无肉囊，略软，果皮厚，可溶性固形物含量18%～22%，有浓郁的茉莉香味（图2-5）。

图2-5　着色香（沈阳）
（左：一次果5月着色状态；中：二次果12月着色状态，
右：6月丰产状态）

树势中庸，抗病性、抗寒性均强。丰产。生育期120天左右。目前，该品种在东北日光温室栽培面积较大，成为东北日光温室主栽品种。

栽培技术要点：

①树势中庸，抗寒，抗病。

②需多施有机肥，早疏枝、早疏果穗，控制产量以增强树势。

③雌能花，需要植物生长调节剂处理诱导结果与膨大。

④在东北7～8月温差小的季节，浆果不易着色。适合日光温室促早栽培（沈阳6月20日前采收），更适合秋冬季二次果生产。

与此类似的品种还有玫瑰露、金星无核、无核寒香蜜等。

6. 无核白鸡心　欧亚种，二倍体。美国培育。

果穗圆锥形，平均穗重500克以上；果粒长，略呈鸡心形，平均粒重6克左右，经赤霉素等处理后果粒长达5厘米，粒重可达8～10克，果皮底色绿，成熟时呈淡黄色，皮薄而韧，不裂果；果肉硬而脆，略有玫瑰香味，甜，可溶性固形物含量14%～16%，品质上（图2-6）。

图2-6　无核白鸡心（沈阳）
（左：果穗；右：丰产状态）

树势强旺，丰产，较抗霜霉病。果粒耐拉力、抗压力均较强，耐运输。生育期130天左右，果实晚采收易出现黄斑。目前，该品种在日光温室、大棚及南方避雨棚等设施都有选用，其中辽宁沈阳、黑龙江大庆及内蒙古乌海等地栽培面积较大。

栽培技术要点：

①树势强健，树体抗病性较强，栽培管理容易。

②花芽易分化，适合日光温室促早栽培，还可开展二次果生产。

③自然坐果较好，可采用植物生长调节剂诱导膨大。

④应适当早采收，否则果皮易出现黄斑。

（二）中晚熟品种

1.藤稔　欧美杂交种，四倍体。日本培育。

果穗圆锥形，平均穗重600 ～ 700克；果粒平均重15 ～ 18克，经严格的疏穗和疏粒，并经膨大剂处理后，果粒巨大，重20 ～ 25克；果肉有肉囊，质软，可溶性固形物含量16% ～ 18%，有草莓香味（图2-7）。

图2-7　藤稔（左：自然坐果；右：植物生长调节剂处理）

树势强旺，极丰产，抗病力强。生育期135天左右。目前，该品种在北方日光温室与大棚、南方避雨棚都有选用，是南北皆宜的优良品种，以大果形生产闻名。

栽培技术要点：

①树势强旺，抗病性较强。枝条粗壮，叶片大，应适当稀植。

②花芽分化容易，丰产。

③自然坐果较好，为了增大果粒，需采用植物生长调节剂膨大处理，同时应加强管理，预防裂果。

④应控制产量，促进浆果着色，增加果实硬度。

2. 醉金香　欧美杂交种，四倍体。辽宁省农业科学院培育。

果穗圆锥形，平均穗重618克；果粒近圆形，平均粒重11.6克，果皮黄绿色；汁多，肉软，可溶性固形物含量18% ~ 20%，玫瑰香味浓，口感极佳，品质极上（图2-8）。

图2-8　醉金香（左：自然状态；右：植物生长调节剂处理）

树势极强，抗病，丰产。生育期135天左右。目前，该品种在北方大棚、南方避雨棚都有选用，是南北皆宜的优质品种，以优质闻名，近年在我国长江三角洲发展速度较快。

栽培技术要点：

①树势强旺，枝条粗壮；叶片大，应适当稀植。

②花芽分化容易，丰产。

③自然坐果能力中等，需采用植物生长调节剂辅助诱导结实与膨大。

④浆果在采收及运输中易脱粒，应加强果穗标准化管理与强化包装及运输。

3. 长青玫瑰（5-36号）　欧美杂交种，四倍体。2002年杂交，亲本为夕阳红×京亚，沈阳长青葡萄科技有限公司与沈阳市林业果树研究所联合选育。

果穗长圆锥形，整齐，较大，平均穗重550克；果粒着生较紧密，大小均匀，椭圆形，粒大，平均粒重10克；果皮紫红色到紫黑色，果皮薄，不涩，可食，果粉厚；果肉质地中等，可溶性固形物含量18%，具有浓郁的玫瑰香风味，品质极优；通常每个浆果含种子1～2枚；花两性（图2-9）。

图2-9　长青玫瑰（四川）
（左：自然状态；中：植物生长调节剂处理，沈阳；右：丰产状态）

树势较强，抗病性强，花芽分化好，自然坐果率较高，丰产。果实易着色，栽培管理容易。生育期135天左右。

栽培技术要点:

①树势壮,抗病性强,枝条易成熟。

②花芽分化容易,为了提高坐果率,需重摘心促进坐果或植物生长调节剂保果,适合二次果生产。丰产。

③浆果成熟前后需合理调控水分,避免裂果。

④浆果易着色,栽培管理容易。适宜南北方栽培。

4.巨玫瑰 欧美杂交种,四倍体。辽宁省大连市农业科学研究院培育。

果穗圆锥形,平均重514克;果粒短椭圆形,平均重9克,果皮紫红色,果皮略涩;多汁,无肉囊,可溶性固形物含量17%～22%,具有纯正的玫瑰香味,品质极上(图2-10)。

图2-10 巨玫瑰(四川)
(左:无核化栽培果穗,马海峰提供;
右:自然果丰产状态)

树势强壮,丰产。生育期145天左右。目前,该品种在北方大棚、南方避雨棚都有选用,是南北皆宜的优质品种,以优质闻名。

栽培技术要点：

①叶片不抗霜霉病，需设施栽培，并应加强管理。

②花芽分化容易，自然坐果好，丰产。

③果肉略软，浆果着色略差，应严格控制产量，扩大叶果比，增施有机肥。强化果品包装及运输。

5. **阳光玫瑰**　欧美杂交种，二倍体。日本国立果树研究所最新培育，亲本为安艺津21号[斯秋番（Stuben，美洲种）× 亚历山大]×[白南（卡塔库尔甘 × 甲斐露）]，2006年登记备案，近年引入我国试栽。

果穗圆锥形或圆柱形，穗重500～800克；果粒长椭圆形，粒重8～10克，经植物生长调节剂处理后粒重12～14克；果皮绿黄色，可食用，无涩味；果肉硬脆，有浓郁的玫瑰香味，可溶性固形物含量18%～20%，品质极佳（图2-11）。

图2-11　阳光玫瑰（日本）
（左：套绿色纸袋效果；中：套白纸袋效果；右：结果状态）

树势较强，丰产，抗病。生育期150天左右，比巨峰略晚。无裂果，浆果耐运输，货架寿命长。近年，该品种在我国栽培表现良好，发展势头强劲。

栽培技术要点：

①树势较强，抗病，枝条易成熟。

②花芽分化容易，适宜短梢修剪，丰产；浆果植物生长调节剂处理膨大效果好。栽培管理容易。

③浆果套有色袋（如绿色），果皮青绿、亮丽，不易产生锈斑。果实成熟后在树上挂果期长，浆果货架寿命长，销售期长。

④目前该品种苗木在我国繁殖过程中受到病毒侵染较重，影响该品种潜能的发挥，生产者应选择脱毒苗木建园为宜。

6.巨峰　欧美杂交种，四倍体。日本培育。

果穗圆锥形，穗重600克；果粒椭圆形，紫黑色，粒重10～11克；果肉适中，汁多，无肉囊，可溶性固形物含量16%～18%，口味香甜，品质优（图2-12）。

图2-12　巨峰（日本）

（上左：自然结果；上右：植物生长调节剂处理结果；下：丰产状态）

树势强壮,易成花结果,丰产稳产,抗病性强。生育期150天左右。目前,该品种在北方大棚、南方避雨棚普遍选用,是南北皆宜的优良品种,为中国及日本葡萄主栽品种,栽培面积在中国及日本都处于首位。

栽培技术要点:

①树势强壮,抗病性强,栽培管理容易。叶片大,应适当稀植。

②花芽分化容易,丰产,但需注意预防落花落果。

③常规栽培很易着色。

④南北方避雨栽培表现良好。

与此类似的品种还有辽峰、巨紫香、户太8号、甬优1号、高妻、翠峰及先锋等。

图2-13 状元红(金桂华提供)

7.状元红 欧美杂交种,四倍体。由巨峰×瑰香怡杂交育成,辽宁省农业科学院培育,2006年经审定并命名。

果穗长圆锥形,穗重750～1 000克;果粒短椭圆形,紫红色,粒重10.7克;果肉较硬脆,无肉囊,可溶性固形物含量16%～18%,口味甜,品质极优(图2-13)。

树势强壮,易成花结果,丰产稳产,抗病性强。生育期150天左右,基本与巨峰同期成熟。

栽培技术要点:

①树势强壮,抗病性强,叶片大,应适当稀植。

②花芽分化容易,自然坐果率高,丰产,需严格控制产量。

③常规栽培较易着色，是巨峰群中难得的红色品种。

④南北方避雨栽培都表现良好。

与此类似的红色品种还有妮娜公主、安艺皇后、夕阳红、红富士、信浓乐等，品质优良，但相对着色略差。

8.美人指 欧亚种，二倍体。日本培育。

果穗圆锥形，穗重350～550克；果粒长椭圆形，粒重8～10克，长度3～5厘米，直径1.5～2.0厘米，果皮鲜红至紫红色，外观极美；肉脆能切片，味甜，可溶性固形物含量16%～19%，品质上（图2-14）。

图2-14 美人指（四川）
（上左：果穗；上右：果粒形态；下：丰产状态）

树势较强，较丰产，抗病较差。生育期150天左右。目前，该品种在南方大棚及避雨棚都有选用，以美观优质闻名。

栽培技术要点:

①树势中庸,自然坐果较好。

②花芽分化较差,需加强栽培管理,并采取长梢修剪方式。

③适宜南方大棚及避雨棚栽培。

类似的长果形品种还有金手指、金田美指、黑美人指等。

9.玫瑰香 欧亚种,二倍体。英国传统品种,在我国有着悠久的栽培历史。

果穗圆锥形,穗重300 ~ 500克;果粒椭圆形,重5 ~ 6克,紫黑色,果粉厚;果肉质地适中,有浓郁的玫瑰香味,可溶性固形物含量15% ~ 19%,品质极上(图2-15)。

图2-15 玫瑰香(辽宁朝阳)
(左:果穗;右:丰产状态)

树势中庸,丰产,抗病性中等。生育期155天左右。目前,该品种在北方大棚、南方避雨棚都有选用,但栽培面积一直不大。

栽培技术要点:

①树势中庸,需要大肥大水栽培管理。

②花芽分化容易,自然坐果较好,应采取严格控产措施。

③适宜南北方避雨栽培。

与此类似的品种还有超级玫瑰（天津市林果研究所优选）、金田玫瑰（河北省金田公司选育）、达米娜（罗马尼亚培育）等系列玫瑰香型品种。

10. 意大利 欧亚种，二倍体，原产意大利，为国际高档葡萄品种。

果穗圆锥形，平均穗重830克；果粒平均重6.8克，椭圆形，黄绿色，着生紧密，果粉中厚，果皮厚；果肉略脆，有玫瑰香味，可溶性固形物含量17%左右，品质上等（图2-16）。

图2-16 意大利（四川）
（左：果穗；右：丰产状态）

树势较强，丰产，抗病性中等。生育期160天左右。目前，该品种在北方大棚、南方避雨棚都有选用，是南北皆宜的传统优质品种，以优质闻名。

栽培技术要点：

①树势中庸，需要大肥大水栽培管理。

②花芽分化容易，自然坐果较好，应采取严格控产措施，并套袋管理。

③适宜南北方避雨栽培。

11. 红地球 曾用名晚红、红提等，欧亚种，二倍体。美国培育。

果穗长圆锥形，穗重800克；果粒圆形或卵圆形，粒重12克，果皮中厚，由鲜红色到暗红色；果肉硬脆，味甜，可溶性固形物含量17%～20%，品质佳（图2-17）。为我国葡萄主栽品种，全国栽培面积已达180万亩，仅次于巨峰，处于第二位。

图2-17　红地球
（上左：日光温室栽培，乌海；上右：延迟采收栽培，沈阳；下：丰产状态，四川）

树势强，极丰产。果实易着色，不裂果。果粒着生极牢固，耐拉力强，不脱粒，特耐贮藏运输。抗病性及抗寒性较差。生育期160天左右。目前，该品种在南方避雨栽培、北方日光温室延迟栽培普遍选用，是南北皆宜的优良品种。

栽培技术要点：

①树势中庸，抗病性较弱，幼树抗寒性较差，需强化栽培管理。

②花芽分化较容易，但在南方阴雨天气多的地区个别年份花芽分化较差，影响产量，在西北一直表现良好。自然坐果较好，

应采取疏果与控产措施。

③常规栽培很易着色。

④适宜南方避雨及北方日光温室延迟采收栽培。

与此类似的品种还有圣诞玫瑰（秋红）、克瑞森无核等。

12. 秋黑 秋黑也称黑提。欧亚种，二倍体。美国培育。

果穗长圆锥形，穗重720克；果粒阔卵形，粒重9～10克，着生紧密，蓝黑色，果粉厚，外观极美；果肉硬脆，可溶性固形物含量17%～20%，味酸甜适口，品质佳（图2-18）。

图2-18 秋黑（延迟采收，王亚滨提供）

树势较强，丰产，抗病性强。不裂果。果粒着生极牢固，极耐贮运。生育期170～180天。

栽培技术要点：

①树势较强，抗病性强，枝条易成熟。

②花芽分化容易，自然坐果较好，应采取控产措施。栽培管理容易。

③常规栽培极易着色，果粉厚。幼果期需注意日灼。

④适宜避雨及日光温室延迟采收栽培。

第三章　设施葡萄建园

设施葡萄建园投资大，但经济效益高。建园前应充分考察，根据地理环境、市场需求、资金储备和技术能力，选择合理的设施类型，在认真规划设计的基础上建园。

一、科学选址与规划

（一）科学选址

首先，必须在葡萄适宜栽植区内建园；其次，在选择场地时，应综合考虑当地的自然条件和社会条件。具体而言，地形要开阔，东、西、南三面无高大建筑物、树木等遮挡；地势要高燥，排水通畅（图3-1、图3-2），背风向阳，若北面有山冈作为屏障则更好；地下水位要低，土壤以含盐、碱量低，土质疏松、肥沃，保水性能好

图3-1　设施排水设计（左：南方简易连栋大棚；右：北方大棚）

图3-2　道路与设施排水设计（示标准连栋大棚）

为宜；交通要方便，供电有保障，要有灌溉条件，要避开工厂、垃圾站等污染源。

（二）科学规划

对有一定规模的葡萄园，如面积50亩以上，还要规划出办公区、生活区、生产区。生产区还要细规划出便于操作的生产小区，同时还要规划出附属的道路、仓库、果品贮藏库，肥料堆积发酵场所等。此外，对于观光采摘葡萄园，园区需要美化，道路还需硬化，提供休闲场所，并配备足够面积的停车场等（图3-3）。

图3-3　观光采摘葡萄园

设施葡萄园建设开工前也要求场地"三通一平"，三通即路通、水通、电通，一平指园地平整（图3-4）。

图3-4　设施葡萄园建设场地

二、架材选择

葡萄系多年生藤本植物，需要搭建稳定的架面为其生长发育提供足够的支撑。葡萄架一般由柱材和线材构成，柱间距3～4米，线间距0.5米左右。

（一）柱材

葡萄架柱材主要是水泥柱和钢材柱，过去局部选用竹木柱，由于其易腐烂，现在已基本不用。

1. 水泥柱　由钢筋水泥浇筑而成，为了增加强度，四周柱规格略大，一般为12厘米×12厘米，中间柱略小，一般为10厘米×10厘米或8厘米×8厘米（图3-5）。水泥柱生产原材料成本较低，但运输与安装成本较高，且折旧可回收性差，有逐渐被钢材柱取代的趋势。

图3-5　水泥柱架

2. 钢材柱　通常选择钢管（圆管及方管）直接切割而成，材质以热镀锌最好，寿命长达70年，普通钢材需粉刷防锈漆，寿命也可达到20年；规格要求圆管直径3.3～5.0厘米，厚度2.5～3.5毫米；方管4厘米×4厘米或4厘米×3厘米，厚度2.5～3.5毫米。设计同样要求边柱略粗，中间柱略细（图3-6、图3-7）。钢材柱运输与安装省力方便，折旧回收率高，目前得到广泛应用。

图3-6　钢材柱架（普通钢管）

图3-7　钢材柱架（热镀锌管）

（二）线材

1. 铁线及钢丝　葡萄园常用线材规格参数可参考表3-1。

表3-1 葡萄园常用线材规格参数

材料名称	直径（毫米）	每100米重量（千克）	每吨米数（米）
8号铁线	4.2	10.8	9 300
10号铁线	3.4	7.15	14 000
12号铁线	2.8	4.73	21 000
钢丝	1.2	1.10	90 000
钢丝	1.8	2.25	44 000
钢丝	2.2	3.30	30 000

过去，生产中铁线应用较广泛，但铁线易腐蚀生锈，而且承重后易延伸，易导致架面凸凹变形，需年年紧线。

主体承重线称主体线，在应用中一般选用直径2.2毫米的钢丝线或直径4.2毫米的8号铁线，辅助线选用直径1.2～1.8毫米的钢丝线或直径2.8毫米的12号铁线或包胶线（如图3-8）。

图3-8 葡萄架面铁线布置

2.托幕线 也称聚酯托幕线，直径规格1.5毫米至4.0毫米不等，各种色泽（图3-9），耐老化，使用寿命长，国内已大规模生产，在葡萄上逐渐得到应用，由于强度高，既可作为主体线，也可作为辅助线应用。托幕线很光滑，但也易固定（图3-10）。

图3-9 托幕线

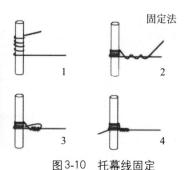

图3-10 托幕线固定

三、架式与整枝设计

（一）篱架

分单臂篱架与双臂篱架。枝梢分布、生长发育等较规范一致，便于管理。枝梢见光好，果实着色较整齐，品质好（图3-11）。一般树形较小，栽植次年可进入丰产期，是早期丰产模式。

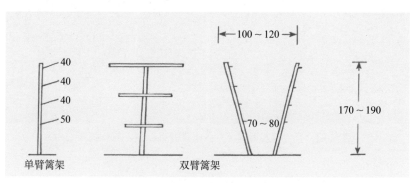

图3-11 篱架效果示意（单位：厘米）

1.主蔓直立整枝 架面垂直地面。树体呈现短主蔓，无明显主干，矮小，独龙干或双龙干，长1.0米左右。新梢较密，长度0.6～0.8米，主蔓直接结果，既有营养枝又有结果枝。新梢与主蔓在一个方向，同时垂直地面，为东北传统树形（图3-12）。弊端较多。

图3-12　直立整枝（左：单臂篱架，单行栽植；右：双臂篱架，双行栽植）

优点是下架方便，能合理利用设施低矮空间。栽植次年可进入丰产期，早期丰产性强。

缺点是顶端优势明显，枝梢上强下弱，果实品质不一致。结果部位易上移，高度难控制，需通过更新修剪或压蔓整枝，使树体每年延伸很短或不延伸，维持叶幕高度基本不变（图3-13）。

图3-13　直立整枝叶幕（左：单臂篱架；右：双臂篱架 ）

2. 主蔓倾斜整枝　架面倾斜，树体呈现短主蔓，无明显主干，单行或双栽植，主蔓基部呈倾斜状态，上部呈垂直状态，新梢与主蔓在一个方向，新梢也较密，长度0.6～0.8米，既有营养枝又有结果枝，也为东北传统树形。现今设施中还在运用（图3-14）。弊端亦较多。

倾斜整枝的优点是树势得到一定的缓和，花芽分化更好，下架防寒更方便，栽植次年亦可进入丰产期。其他特点与直立整枝相同。

图3-14 倾斜整枝（辽宁沈阳）
（双臂篱架，单行栽植）

3.主蔓水平整枝 树体呈现明显的主干与主蔓，主干高60～150厘米，分成两种类型，即倾斜整形（下架防寒）与垂直整形（非下架防寒）；主蔓水平整形，长度因栽植密度而定（图3-15至图3-18）。为华北、西北地区传统树形，优势较大，东北及南方在设施栽培中也逐渐接纳此整枝方式。栽植次年可进入丰产期。

特点是新梢与主蔓垂直，呈直立或倾斜状态，长度1.2～1.5米，全为结果枝。结果部位一致，呈现明显的"三带"，即基部通风带、中间结果带、上部光合带（叶幕带），树体高度好控制，有效利用设施空间，果实品质一致，管理技术简单，易掌握。

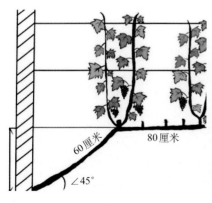

图3-15 倾斜水平整枝效果（单臂篱架）

图3-16 垂直水平整枝（单臂篱架）

图3-17　倾斜水平整枝（春季）

图3-18　倾斜水平整枝（辽宁朝阳）
（双臂篱架，秋季）

　　其中主干高1.0米左右称V形篱架，主干高1.5米左右称Y形篱架（局部地区称飞鸟形架）（图3-19、图3-20）。降水量大的地区提倡Y形篱架，降水量较小的地区既可以搞Y形篱架，又可以搞V形篱架。

图3-19　V形篱架整枝（郑州）
（左：夏季；右：冬季）

图3-20 Y形篱架整枝（四川）

（二）棚架

1.倾斜小棚架与大棚架

（1）倾斜小棚架。系篱架与棚架的过渡类型，主要用于北方葡萄产区。树体龙干整形，下架埋土防寒方便（图3-21）。新梢较密，长度0.6～0.8米，既有营养枝又有结果枝。

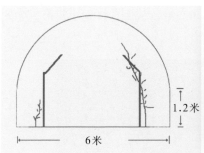 

图3-21 小棚架（左：效果图；右：实物图）

早期丰产性较强，一般栽植第三年达到丰产期。若早栽植（沈阳地区4月初），加强管理，延长生长时间，充分利用当年副梢培养成结果枝组，栽植次年也可进入丰产期。

（2）倾斜大棚架。为北方露地葡萄栽培的传统架式，在我国老葡萄产区（如河北、山西、辽宁等）由传统的露地栽培转向大棚栽培时还部分沿用此架式，新区很少采用。大棚架早期丰产性差，但有时为了营造设施内较大的空间以利于休闲观光时，也可采用这种架式。

2. 水平棚架　系日本传统主要架式，现今我国南方高温高湿地区的大棚或避雨棚设施推广较多，北方也在参考学习中。

树体具有较高的主干，高175～185厘米，通常在距离地面175～185厘米处形成分枝（形成臂）。根据栽植密度臂长2～8米，臂间距2.5～3.0米，臂呈水平状态。结果枝垂直臂，均匀分布，长度在1.25～1.50米。

特点是树势均衡，结果枝长势均匀一致，浆果着色整齐，品质高；水平棚架设计有利于减轻病害的发生，也便于枝梢管理；水平棚架整枝可以开展大行距栽植、大树冠整形，单位面积栽植株数少，对于土壤改良及土壤管理是有积极意义的，为此在我国推广较快。

日本一直推广水平棚架，现在新建园为多为H形或"一"字形；日本学者从栽培管理的角度认为大冠形有利于缓和树势，对花芽分化与坐果等有利，管理方便，进而还有采用双H形等超大树形的（图3-22）。我国学者强调建园的前期产量，从而选择稍小树形，为此"一"字形在我国推广很快。

图3-22　水平棚架（双H形整形，日本）

（1）"一"字形。树体呈"一"字形整形，有2个臂（图3-23），栽植次年或第三年进入丰产期，臂越长进入丰产期越晚。为此需加强幼树管理，加速整形。在我国南方葡萄产区通常"一"字形整形当年可完成，北方日光温室也可当年完成。

图3-23　"一"字形整形（上海）
（左：小避雨棚；右：连栋大棚）

（2）H形。树体呈H形整形，有4个臂（图3-24），往往栽植第三年能进入丰产期，需加强幼树管理，加速整形。

图3-24　H形整形（日本）

水平棚架整枝系采取大树形管理方式，早期丰产性差，有条件的地区可以考虑多栽植临时植株的方法来弥补早期产量不足，结果后再逐年适当间伐临时株保留永久株。

为了进一步扩大树形，生产中出现了双H形（图3-25）、U形等新树形，实际也都是H形的改良模式，应根据具体情况采纳。如需要稀植时，可采纳双H形，若当土地环境为倾斜坡地时，应采纳U形等。

图3-25　双H形整形（日本山梨果树试验场）

（3）改良"一"字形。近年来，为了降低劳动强度，提高劳动效率，涌现出改良"一"字形，即改良水平棚架。

架面亦主体水平，高175～185厘米，而植株主干高度145～155厘米，主蔓在距离棚架棚面30厘米左右分枝（形成臂），臂也呈水平分布，但从臂上萌发的新梢前段呈倾斜分布，果穗着生在这个倾斜段，后段呈水平分布（图3-26），其他指标同普通"一"字形。

图3-26　改良"一"字形

改良"一"字形树形，果穗着生位置与操作者视线平齐或稍低，所有果穗管理操作者不必仰头作业，劳动强度大大减轻，而普通"一"字形棚架，果穗悬挂在劳动者头上，所有果穗管理劳动者必须仰头作业，劳动强度很大（图3-27）。

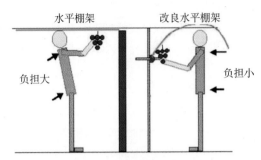

图 3-27 改良水平棚架与普通水平棚架劳动强度比较

如上所述的水平棚架树体整形，树体也呈现明显的"三带"现象，美观实用。

葡萄架式与树形受到树体防寒方法的限制，伴随着北方日光温室与大棚葡萄树体可通过设施覆盖简化防寒，其架式与树形将发生巨大的变革。

四、栽植密度设计

各地依据不同设施类型，设计栽植株行距，可参考表3-2。

发展趋势是栽植密度越来越小，树形越来越大。

表 3-2 葡萄栽植株行距

序号	架式	设施类型	株×行（米）	株树	备 注
1	篱架（直立、倾斜）	大棚、日光温室	0.3 × 2.0	1100	北方
2	小棚架	大棚	0.6 × 3.0	370	北方
3	篱架V、Y形	避雨棚	2.0 × 2.5	133	南方 臂长1.0米
4	水平棚架"一"字形	避雨棚、大棚	4.0 × 3.0	55	南方 臂长2.0米
5	水平棚架H形	避雨棚、大棚	4.0 × 6.0	23	南方 臂长2.0米

五、苗木选择及质量

（一）苗木选择

葡萄嫁接苗具有良好的适应性，世界各国葡萄主要采用嫁接栽培，并根据土壤等环境选择各自适合的砧木。我国葡萄嫁接栽培起步刚刚40余年，目前主要采用绿枝嫁接技术育苗（图3-28），代用砧木是贝达。贝达砧木抗寒性强，对土壤环境具有广泛的适应性，是我国南北方难得的砧木资源，但近年发现其抗根瘤蚜能力较弱，各地可有选择性应用；其他砧木如SO4、5BB、3309M、101-14、抗砧3号与抗砧5号等（图3-29），各地应积极开发利用。

图3-28　绿枝嫁接苗（沈阳长青葡萄）

图3-29　葡萄砧木品种（左：SO4；中：5BB；右：贝达）

目前，在我国葡萄设施栽培中，促早栽培是主流，在促早生产过程中，早期处于气温低而土壤温度更低的逆境，为了使树体早萌芽，提前生长发育，采用抗寒砧木也是非常必要的。

我国幅员辽阔，各地气候差异大，土壤类型差异更大，应积极开展适合本地的砧木筛选研究工作，满足我国葡萄发展的需求。

鉴于我国葡萄嫁接苗是通过绿枝嫁接实现的，针对上述砧木而言，只有贝达前期田间生长量大，能够满足夏季田间绿枝嫁接的需求，其他砧木前期生长量不够，与绿枝嫁接方法不匹配。为此，我们应尽快推广机器嫁接育苗（图3-30、图3-31），逐渐与国外育苗技术接轨，可喜的是近年来我国许多企业也开始探索机器嫁接育苗技术，并取得一定的成果。

图3-30　葡萄机器嫁接苗木（法国产）
（田间栽植苗，包装前处理）

图3-31　葡萄机器嫁接苗木（法国产）
（左：温室苗，外观；右：根系发育状）

（二）苗木质量

首先要求苗木纯度，其次再谈质量。

优质的苗木是丰产的基础，质量应达到国家规定标准（表3-3），其中包括嫁接口愈合牢固、木质化充分、根系完整新鲜等。

表3-3　葡萄嫁接苗质量指标

（中华人民共和国农业农村部）

项　　目			级　　别		
			一级	二级	三级
品种与砧木类型			纯　　正		
根系	侧根数量		5条以上	4条	4条
	侧根粗度		0.4毫米以上	0.3～0.4毫米	0.2～0.3毫米
	侧根长度		20厘米以上		
	侧根分布		均匀、舒展		
枝干	成熟度		充分成熟		
	枝干高度		50厘米以下		
	接口高度		20厘米以上		
	粗度	硬枝嫁接	0.8厘米以上	0.6～0.8厘米	0.5～0.6厘米
		绿枝嫁接	0.6厘米以上	0.5～0.6厘米	0.4～0.5厘米
	嫁接愈合程度		愈合良好		
根皮与枝皮			无新损伤		
接穗品种饱满芽			5个以上	4个以上	3个以上
砧木萌蘖处理			完全清除		
病虫危害情况			无明显严重危害		

国外葡萄嫁接苗系高砧硬枝嫁接苗，机械化生产，自动化程度高，各国也具有各自的标准。如日本，强调苗木当年的生长高度和根系的多少（表3-4）。

表3-4　日本葡萄苗木标准

级别	苗木生长高度（米）		备注
	植原葡萄研究所	中山葡萄园	
特选苗	>1.7		特别好的苗
特等苗	1.2～1.7	>1.2	根系比较多的标准苗
上等苗	0.8～1.2	0.8～1.2	根系少一点的苗
中等苗	0.3～0.8	0.3～0.8	细弱苗

注：摘自日本植原葡萄研究所和中山葡萄园2004年《葡萄品种解说》。

六、栽植技术

（一）整地

1. 挖栽植沟　栽植前整地是基础性工作，应充分重视。一般需挖宽70～80厘米，深度50～60厘米的植株沟（图3-32、图3-33）回填充分腐熟有机肥8～10吨/亩，以水夯实后备栽植（图3-34）。

图 3-32　挖栽植沟与回填示意（左：挖栽植沟；右：回填）

图 3-33　挖栽植沟

图 3-34　栽植沟回填

2. 高畦栽培　高畦栽培有利于土壤微生物活动，土壤不易板结，有利于树体发育。一般畦宽80厘米左右，高度25～30厘米。南方为了排水，主要采用高畦栽培（图3-35）。过去，北方葡萄栽植在沟内，主要是为了提高抗寒性及灌水方便，但弊多利少，如今采用抗寒砧木和节水滴灌技术后，为了提高地温，降低设施内湿度也提倡高畦栽培（图3-36）。

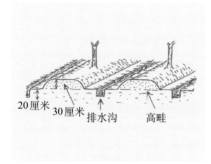

图3-35　南方高畦栽培示意

图3-36　北方日光温室高畦栽培

（二）栽植时间

在南方，土壤不结冻，休眠期随时都可栽植苗木，时间相对较早，但一般以立春时节之后为宜，伴随温度上升，所栽植的苗木马上生根发芽，栽植过早苗木迟迟不能发芽，将影响成活率；在北方，当设施内土壤温度稳定在10℃时才能栽植苗木，如沈阳地区栽植时期以4月10日至5月10日为宜，日光温室等设施具有很好的保温效果，可适当早栽植，但栽植时间不宜过早，否则花芽分化差，影响次年产量。

值得强调的是，苗木栽植的同时，设施应该扣膜，使葡萄幼苗从开始就在有保护的环境下生长发育。

（三）栽植技术

栽植前，苗木应以清水浸泡12小时左右，为了预防检疫性病虫害的传入，还应采用药水浸泡苗木消毒；栽植前要选苗，淘汰细弱苗等不合格苗；并将苗木根系剪留10厘米左右，以促进新根产生（图3-37、图3-38）。

图3-37 葡萄苗根系　　　　　图3-38 葡萄苗剪根

苗木栽植深度以原根颈部分与地面平齐为宜，深栽成活率低。为了提高成活率及便于幼树阶段管理，提倡覆盖黑地膜。黑地膜具有保湿、提高地温及预防杂草的作用。苗木栽植后需立即灌透水（图3-39、图3-40）。

图3-39 苗木栽植　　　　　图3-40 苗木栽植（覆盖黑地膜）

第四章 设施葡萄树体枝梢管理

一、幼树枝梢管理

葡萄植株在达到经济产量前统称幼树期，通常幼树期小树形整形1～2年，大树形整形2～3年，而超大树形整形还要延长。对葡萄幼树枝梢开展良好的管理能加速成形，且定植后第二年很易达到经济产量，实现最佳经济效益。在生育期长的地区（或设施内，光照、温湿度、水肥条件良好），幼树夏季管理合理，当年秋冬季可获得相当的产量，第二年丰产丰收，可见，对幼树加强管理是非常必要的。

设施葡萄一般生育期延长，加大了新栽植幼树的生长量，为整形及次年丰产奠定了基础；在夏季管理中，可以相对延迟主梢摘心时间，确保当年生主梢的长度，也可适当选留副梢培养成结果母枝，并促进枝蔓加粗，确保当年可以顺利达到预计的粗度、高度与长度（图4-1）。

图4-1 幼树管理（左：生育期短地区，小树形；右：生育期长地区，大树形）

（一）除萌蘖与定株

葡萄嫁接苗嫁接口以上部分称为接穗，嫁接口以下部分称为砧木。葡萄嫁接苗定植后砧木部分萌发的新梢即萌蘖，消耗营养，扰乱树形，应尽早除净（图4-2）。

图4-2　砧木萌蘖（基部）

在除萌蘖的同时，对嫁接口以上长势不好的弱芽及双芽等也要及时清除（图4-3）。选留位置好、饱满的1个或2个芽发育成未来植株，为了防止意外，先期可留两个新梢，搭架后将不要的新梢再剪除，或经过摘心处理作为辅养枝，为树体补给营养，促进幼树生长。

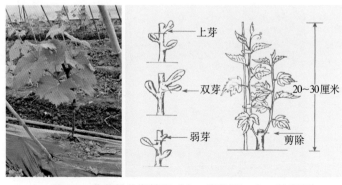

图4-3　葡萄幼苗期管理（左：实物图；右：示意图）

（二）搭架引缚与除卷须

硬枝高接嫁接苗，苗木较高，栽植后应随时搭架与引缚。绿枝嫁接苗，当幼苗长到20～30厘米时，苗木即将进入迅速生长阶段，为确保其直立生长，减少病害发生，此时应对苗木按时搭架与引缚（图4-4）。

图4-4　葡萄苗搭架（左：硬枝嫁接苗搭架后；右：绿枝嫁接苗搭架前）

搭架前后，对于嫁接苗，应解除嫁接口薄膜。目前，我国葡萄苗木嫁接口一般是由塑料条绑扎，苗木成活后若没有及时解扎，伴随苗木加粗生长，易导致幼小的苗茎上形成缢痕，严重时可导致苗茎折断。为此在苗木栽植成活后，幼苗长到30厘米高左右时绑扎物应及时解除（图4-5）。

图4-5　葡萄苗嫁接口塑料膜绑扎（左：夏季嫁接成活后；右：春季栽植后）

搭架做法：每株苗木插1根竹竿（双蔓整枝需2根竹竿），竹竿下端插入土壤25厘米左右，上端固定在架上，然后再将幼苗绑扎固定在竹竿上，使其顺着竹竿笔直生长；一般每25～30厘米捆绑一道，确保树体始终处于竹竿的一侧（通常为见光一侧），且操作时注意不要将叶片及叶柄捆绑，否则将影响其以后的发育。幼苗搭架也有采用尼龙线悬吊的（图4-6），效果也不错，经济实惠。

图4-6 幼苗期搭架管理（尼龙线悬吊）

在苗木生长过程中，保持新梢直立，能够有效促进其生长，所以必须及时搭架与引缚；同时，由于新梢幼嫩，在管理过程中需仔细操作，严禁损伤延长梢生长点，否则将阻碍生长。

卷须的原始攀缘功能已经不为栽培葡萄所利用，若继续保留，将耗散树体营养，同时若随意攀绕也会扰乱树形，给栽培管理带来不便，应及时清除卷须（图4-7）。

图4-7 幼苗（示生长点与卷须）

（三）主梢摘心与副梢管理

葡萄树体地上部分由主干、主蔓、结果枝组与结果母枝和新梢等构成。主干起支撑与输导作用；主蔓是结果枝组的载体兼发挥输导作用；结果枝组与结果母枝是用于结果的，萌发后的新梢有花序的称结果枝，无花序称营养枝（图4-8）。

新梢称主梢，主梢上夏芽发出的各级梢称为副梢，根据需要主梢和副梢可继续培养成主蔓延长梢或结果枝。

幼树主梢摘心与副梢管理的目的是加速成形，培养树体骨干，保证按时结果。

图4-8 幼树树体构成（枝蔓）

1. 主梢摘心的目的和方法 主梢摘心的目的在于控制新梢按照需求生长，培养枝蔓，同时减少树体营养浪费，使营养集中于结果枝或树干及根系内，促进树体加粗及延长生长，加速成形，促进枝梢木质化，为当年或次年结果奠定基础。

摘心标准：要求在叶片正常大小的1/3 ~ 1/2处进行，否则将影响摘心效果（下文所有枝梢摘心都按照此标准进行）。

每次摘心全园要求统一进行，使树体发育均衡一致，以便于管理。

（1）小冠形树体主梢摘心。北方设施内葡萄生育期较短，树体生长量有限，同时也为了次年丰产及冬季越冬下架防寒方便，需要小冠形设计。

对于小冠形树体（如篱架），常规情况下当年枝蔓生长量仅1 ~ 2米，主梢摘心1 ~ 2次，形成独龙干，既是主蔓又是结果母枝，供次年结果（图4-9）。

图4-9 幼苗摘心管理（篱架小树形，北方）

　　当小棚架整形时，通过延长生长期与加强肥水等管理，当年枝蔓生长量能达3～4米，当年主梢可摘心2次。第一次摘心诱导副梢生长，培养副梢结果母枝或延长梢；第二次为延长梢摘心，次年实现早期丰产。

　　（2）大冠形树体摘心。南方设施葡萄生育期较长，树体生长量大，冬季越冬又不必下架防寒，往往采用大冠形设计。

　　对于大冠形树体（如南方水平棚架），当年枝蔓生长量3～8米，主梢往往需多次摘心，每次摘心对主梢高度或长度都有明确的要求。再通过对副梢适时摘心，加速当年树体成形，且有时可当年结果（图4-10、图4-11）。

图4-10　大冠形树体摘心与副梢利用（水平棚架）

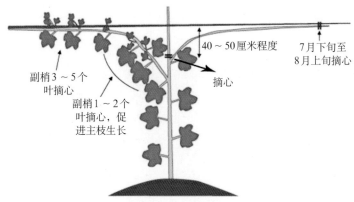

图4-11　大冠形树体摘心示意（水平棚架，双臂"一"字形，2次摘心）

如"一"字形整形需要3～5次摘心（单臂"一"字形1次摘心）。第一次摘心在架面下40～50厘米位置，向下培养成主干，向上培养2个相对而生的副梢（臂）；对生育期较短的设施，第二次摘心保留臂（结果母枝）的长度1.5米左右；对生育期较长的设施，可以在第二次摘心（形成第一段臂，长度1.5米左右）的基础上开展第三次摘心培养第二段臂（结果母枝，长度1.0～1.5米），但第一段臂应培养副梢结果母枝，此时该着生结果母枝的臂称主蔓，第二段臂（结果母枝）次年结果后也称主蔓（图4-8）。

（3）主梢摘心时间。虽然各地气候差异较大，但都应于霜期来临前2个月（7月下旬至8月上旬）不拘泥于树体高度或枝梢长度，对主梢应强行最后一次摘心，促进树体加粗与木质化；个别情况下，植株没有达到要求高度或长度，需要以后（下一年）再继续培养，当年也要按时摘心。

以沈阳地区为例，一般霜期在10月中旬，葡萄主梢摘心时间如表4-1。

表4-1　葡萄主梢摘心时间（沈阳地区）

品种类别	代表品种	摘心时间
枝梢易成熟品种	巨峰、光辉、阳光玫瑰等	8月15日前
枝梢难成熟品种	红地球、京玉等	7月25日前

当然在规定时间内，摘心越早对树体加粗及木质化越有利。除了合理摘心外，管理过程中合理调控肥水，预防徒长，也有利于加速幼树主梢木质化。

新植幼树第二年（也含当年）的结果能力，与上一年度（也含当年）枝蔓长度及粗度有正相关性，即枝蔓长、结果枝粗，结果能力强，为此，设施葡萄为了提早进入丰产期，必须加强摘心等综合管理。

2．副梢处理方法　留副梢的主要目的是为了培养各级枝蔓或直接培养结果母枝及结果枝，同时留副梢也为了多获得叶片制造光合营养，促进树体生长发育。

（1）副梢留1片叶绝后摘心。适于下列三种情况：

①南方水平棚架大树形培养成树干的直立部分。

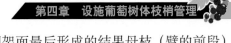

②南方水平棚架大树形棚架面最后形成的结果母枝（臂的前段）部分。

③北方篱架结果母枝部分。

当年副梢留1片叶绝后摘心如图4-12、图4-13所示。

图4-12 当年幼树副梢处理
（一级副梢摘心后又萌发二级副梢）

图4-13 当年幼树副梢处理
（副梢留1片叶绝后摘心）

作为主干部分的副梢可以留1片叶绝后摘心，但为了促进主干加粗生长，也可以前期留2～3片叶摘心，培养成过渡临时副梢，制造光合营养；而在该副梢开始木质化前应1片叶不留贴根剪除，结束其过渡作用（图4-14）。

图4-14 当年幼树副梢处理实物图（水平棚架，"一"字形）

（2）副梢留多片叶摘心。摘心能促进副梢生成，之后通过选留培养成结果母枝及结果枝延长梢。通常利用副梢培养成结果母枝留4～6片叶摘心，利用副梢培养成结果枝（长度1.0～1.5米），需留20～30片叶摘心。

在我国南方生育期长的设施内，当年幼树副梢通过加强管理培养成结果母枝及结果枝（延长梢），当年秋季或次年早春可获得相当的产量（11月至次年4月上市）。如在云南金沙江沿岸等部分地区，在管理得当情况下，当年伴随整形，每亩可形成750千克左右的产量，次年全面丰产。在我国北方，葡萄通过设施栽培生育期也明显延长，通过春季苗木提早栽植，秋季保温延晚，使当年幼树生育期延长60～70天，夏季再充分利用副梢培养成结果母枝及结果枝（延长梢），科学开展肥水管理，实现次年丰产（图4-15）。实际上，北方保温好的设施（日光温室）通过副梢利用，也同南方一样可实现当年结果（11～12月上市）。

图4-15　幼树当年副梢处理培养结果母枝（左：南方大棚；　右：北方日光温室）

（3）顶端副梢（或称树头）多留分枝多留叶片摘心。

由于顶端优势的作用，顶部副梢有时生长强旺，向下逐渐减弱。为了避免由于摘心刺激导致枝条冬芽萌发，操作时，顶端副梢可多次摘心，多留副梢多留叶片，缓和树势（图4-16），促进营养积累，加速幼树成形。

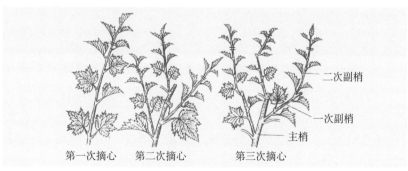

图4-16　摘心与顶端副梢处理示意

第一次摘心（主梢摘心）：除顶端的2～3个副梢外，下部其余副梢留1片叶绝后摘心；而顶端的这2～3个副梢被称为一次副梢。

第二次摘心：对一次副梢上的顶梢留3～5片叶摘心，形成二次副梢，继续延长。一次副梢上的其余副梢留1片叶继续绝后摘心。

第三次摘心：对二次副梢上的顶端继续留3～5片叶摘心，其他处理同上。

随着生育期的延长，还可形成多次副梢，参照此方法循环摘心处理（图4-17）。以后树体延长梢（或称树头）也参照此方法开展摘心与副梢处理。

冬季修剪时将顶端延长梢第一次摘心所产生的副梢全部剪掉（图4-18）。

图4-17　当年幼树顶端副梢处理

图4-18　当年幼树顶端副梢
（修剪下来的部分）

（四）冬剪

修枝剪操作中要求剪口平滑，且垂直枝条，剪口位置要求距离所留芽眼2～3厘米，防止伤害所留芽眼（图4-19）。

冬剪时，根据当年树体生长势，修剪高度或枝梢长度按要求进行，剪口直径应达到0.6～0.8厘米，剪口应鲜绿完好（图4-20）。北方设施篱架修剪高度仅为80～100厘米，形成独龙干或双龙干（图4-21）；南方设施葡萄可根据整形方式适度延长，长度达3～8米（图4-22），培养成主干、主蔓（着生结果枝组和结果母枝）及延长梢。

图4-19　修枝剪的使用方法（短梢修剪）

图4-20　枝条质量鉴别（左：枝条完好；右：枝条枯死）

图4-21　当年幼树修剪（小树形）
（左：日光温室；右：避雨棚）

图4-22 当年幼树修剪（大树形，H形）

二、结果树夏季枝梢管理

葡萄结果树的树体骨架已经形成，通过夏季对枝梢的管理，使其枝叶合理分布，充分见光，达到发育健壮的目的，为开花坐果及以后浆果发育奠定基础（图4-23）。具体内容包括抹芽定枝、新梢摘心与副梢处理、新梢绑缚等活动。

图4-23 日光温室葡萄结果树夏季枝梢管理（双臂篱架）

（一）抹芽定枝时间

抹芽、定枝的目的是减少树体贮藏养分无为消耗，使枝果合理分布，促进所留枝梢及花序的发育。萌芽后，当新梢发育到5～10

厘米，能够看清花序时及早抹芽定枝为好（图4-24至图4-28），生产操作中有时两者同时进行。

葡萄品种来源不同萌芽率有较大的差异，如着色香、87-1、红地球及光辉等品种萌芽率高，夏黑、巨峰及无核白鸡心等品种萌芽率较高，为此不同品种抹芽定枝用工量是有差异的。萌芽率高品种枝条充足，抹芽定枝可选择性强。

图4-24　抹芽时期（一）

图4-25　抹芽时期（二）

图4-26　定枝时期

图4-27　定枝前

图4-28　定枝后

（二）留梢数量与新梢分布

从新梢分布密度方面分析，对于大叶片品种如京亚、光辉、夏黑、醉金香、状元红及无核白鸡心等宜少留新梢，对小叶片品种如红地球、维多利亚、意大利、玫瑰香等可适度多留新梢，但不得超过20%。

生产中，根据架式不同，新梢留梢数量与分布特点不同。

1. 主蔓直立整枝新梢与主蔓平行分布　单臂或双臂篱架，主蔓垂直地面。正常情况下，主蔓长度80～100厘米，基部20厘米不留枝，其余部分选留均匀分布的新梢（枝），蔓距100厘米留新梢6～8个/株，蔓距60厘米留新梢4～6个/株（图4-29、图4-30）。其中，2/3是结果枝，1/3是营养枝。

图4-29　直立整枝枝梢分布

图4-30　直立整枝结果状

目前我国北方葡萄篱架（主蔓直立整枝）留枝梢常常过多，一般多达30%～50%，枝梢杂乱无章，严重延迟浆果着色成熟，影响浆果品质，应引起注意。

2. 主蔓水平整枝新梢倾斜或垂直分布　单臂或双臂篱架，主蔓与地面保持水平，新梢垂直主蔓，与地面垂直或倾斜。单臂或双臂篱架单侧选留新梢5～6个/米。

主蔓水平整枝树体呈现明显的"三带"，即基部通风带、中部结果带、上部叶幕光合带，（图4-31）。新梢接受光照均匀，长势均匀，果穗分布在一条线上，浆果着色一致，枝条成熟一致，花芽分化一致。新梢长度1.2～1.5米，通常都是结果枝，无营养枝，不杂乱。

图4-31　主蔓水平整枝新梢分布（上：垂直；下：倾斜）

3. 主蔓水平整枝新梢水平分布　对于水平棚架，主蔓水平，新梢从基部开始一直与主蔓呈垂直分布，即新梢与地面保持平行。正常情况下，单臂每侧选留新梢5～6个/米（图4-32、图4-33）。新梢长势均匀，果穗分布在一条线上，浆果着色一致，枝条发育一致，非常有益于花芽分化。新梢长度1.2～1.5米，通常都是结果枝，不留营养枝。

对于改良式水平棚架，枝梢分布特点及数量与水平棚架相同。只是新梢从基部开始呈倾斜状态，后呈水平状态（图4-34）。而果穗分布在枝梢的倾斜部位，便于管理（图4-35）。

图4-32　主蔓水平整枝新梢水平分布实物图（大树形）

图4-33　主蔓水平整枝新梢水平分布实物图（小树形）

图4-34 改良式水平棚架新梢分布实物图（一）

图4-35 改良式水平棚架新梢分布与结果实物图（二）

（三）新梢摘心与副梢处理

新梢摘心与副梢处理的主要目的在于不断营造良好的功能叶片，形成良好阶梯叶幕，并不断维持其最大光合效能，促进树体及浆果良好发育。植株具有充足、健康的叶片是获得优质浆果的基础，评价一个葡萄园能否生产出优质果品，首先宏观看叶幕，其次再看果实（图4-36、图4-37）。

图4-36　水平叶幕（日本）

图4-37　垂直叶幕（左）与倾斜叶幕（右）

1.新梢摘心　葡萄结果新梢摘心是在叶片正常大小1/3处剪去前端小于正常叶片1/3大小的嫩梢，在营造良好叶幕的同时，能集中营养调节坐果与促进浆果发育。对于一个葡萄品种，通过摘心是否能提高坐果率是评价其栽培难易的主要指标，对于生产者选择易坐果的品种，便于丰产稳产是共同的追求（图4-38）。

图4-38 新梢摘心（上：摘心前；下：摘心后）

葡萄不同品种自然坐果能力有很大差异，新梢摘心时间与方法应区别对待。

对于坐果率高的品种（红地球、意大利等），花前不摘心，可以在花后10～15天摘心，否则坐果过多。

对于坐果率较低的品种（巨峰等），在花前2～3天摘心，提高坐果率。

对于坐果率非常低的品种（紫珍香等），可以在花前2～3天仅留1～2片叶重摘心，能有效提高坐果率。

对于坐果率极低的品种（京亚、先锋及辽峰等），也可以在花前2～3天摘心，但需要植物生长调节剂辅助处理来提高坐果率。

葡萄新梢长度以120～150厘米为宜，这样每个枝条结1个果穗（重500～750克），不留营养枝，光合营养完全可以满足结果所需。否则新梢短时，需留营养枝或通过多留副梢和副梢延长梢来弥补叶片的不足。营养枝摘心可参照结果枝处理。

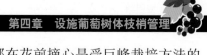

目前我国葡萄生产所有品种都在花前摘心是受巨峰栽培方法的影响，实际上新梢摘心时间所有品种不能千篇一律，应具体分析。同时我国葡萄生产摘心次数过多（5～8次），大量时间浪费在处理新梢上，而用在花果上的时间却不多，实际是本末倒置。

另外，浆果膨大期进行新梢摘心能有效促进浆果膨大，为此应提倡在浆果膨大期摘心，对提高浆果品质和产量有积极意义。

2. 副梢处理　葡萄新梢叶腋间的夏芽成熟期很短，出现后数天萌发成夏芽副梢，科学利用和处理副梢对加速葡萄整形、早期丰产、增进浆果品质等意义重大。

葡萄叶片的光合效能根据叶龄的变化差异很大（图4-39），为此可通过对副梢叶片的利用来满足其生长发育的需求。通常葡萄在展叶40天左右光合作用达到高峰，然后便逐渐下降，展叶60天后，老叶片的光合功能仅是新梢叶片的1/3，为此，适时有效增加副梢，培养新叶片，能有效促进果实增大、着色成熟，提高糖度、改善风味及提高浆果耐运输性等。

图4-39　不同时期叶片（品种为着色香）
（左：幼叶，中：成龄叶；右：衰老叶）

为了不断培养新叶片，通常新梢摘心之后顶端副梢每次留2～6片叶反复摘心延长，形成一级副梢、二级副梢或多级副梢（图4-40）。副梢节间相对短，承载叶片多，单片叶面积小，厚度大，而光合机能作用强大，是浆果后期发育能量主要来源。

图 4-40　副梢处理

目前我国许多葡萄产区枝梢管理过程中干脆不留副梢，即"绝后摘心"，或副梢叶片留得很少，往往导致后期叶片光合能量不足，是造成浆果不能如期着色和品质较低的主要成因之一。

（四）枝蔓与新梢引缚

设施葡萄往往生长空间小，且光照减弱，需加强枝蔓与新梢管护，充分利用空间，实现最高光合产能。

1. 枝蔓引缚　葡萄枝蔓引缚的目的在于保证其在架面合理分布。葡萄新梢着生在主蔓上，欲固定新梢必先固定主蔓。对于非下架的栽培方式，葡萄枝蔓不必每年绑缚固定，对于枝蔓下架的栽培方式应每年按时绑蔓。多年生枝蔓一般较粗，绑扎应牢固（图4-41）。

图4-41　枝蔓引缚

2.新梢绑缚　新梢绑缚每个生长周期都要进行，且工作量较大，平均新梢数量3 000～4 000个/亩，大多数新梢需要绑缚2次或更多。在管理过程中，枝梢应及时绑缚，使枝梢叶片及果穗充分通风见光，促进叶片光合作用，提高浆果品质，并减少病虫害的发生。

葡萄新梢引缚方向主要分成直立（含倾斜篱架）和水平（水平棚架）两种方式（图4-42、图4-43）。由于葡萄枝条呈水平状态对花芽分化有利，因此对于水平棚架设计的应尽早在花前引缚，篱架设计枝条呈直立或倾斜状态的应在花后及时引缚。

图4-42　新梢倾斜绑缚前后对比（左：绑缚前；右：绑缚后）

图4-43　新梢直立绑缚前后对比（左：绑缚前；右：绑缚后）

目前，葡萄新梢的绑缚还以手工操作为主，材料一般选用当地产的稻草、玉米皮等，也有选用塑料条、撕裂膜、包塑铁丝等合成新材料的，应因地制宜（图4-44）。

图4-44　新梢绑缚

除了传统的手工引缚方法外，绑蔓机、绑梢器等已经陆续在设施葡萄枝梢管理中推广，效率是传统人工的5倍左右（图4-45）。

图4-45　绑蔓机绑蔓

三、结果树秋（冬）季修剪

葡萄秋（冬）季修剪的目的是通过修剪培养树形（图4-46），保持树势，维持均衡结果等。

图4-46 修剪中的葡萄园（日本）
（左：H形；右：双H形）

（一）常规修剪方法

1. 修剪时间 葡萄落叶后1周左右即可进行修剪，根据我国南北气候的差异，修剪时间不同，南方江浙地区葡萄修剪时间为12月至翌年1月，中原地区如郑州为12月至翌年2月（图4-47）。北方大棚及日光温室葡萄树体需要越冬防寒的，修剪时间为10月中旬至11月上旬，即防寒前进行；只需通过设施覆盖防寒的，修剪时间也可在升温后、树体伤流前进行。

图4-47 修剪前（V形，郑州）

南方葡萄不下架防寒，为了缓解修剪压力，修剪通常分两次完成：第一次粗剪，时间持续很长，一般从落叶后1周开始到萌芽前止，为防止枝芽冬季抽干，所有枝条都进行长梢修剪（8～10个芽），可由机械完成（图4-49）；第二次精剪，在伤流期前进行，每个枝条按照需要进行人工修剪（图4-49）。

北方寒冷地区，为了防寒方便葡萄修剪常常一次完成。

图4-48　粗剪后（左：郑州；右：日本）

图4-49　精剪后（双H形，日本）

2. 留芽量　葡萄修剪按剪留枝芽多少分为三类：超短梢、短梢、中长梢。对于一个品种采取哪种修剪方法取决于品种特点、地域及设施栽培类型等，因为不同地域及不同设施类型，环境因素变化很大，葡萄花芽分化进程大不相同。

（1）超短梢修剪。仅留基芽。由于基芽萌发形成的新梢一般无花序，为此多在更新时使用。但也有基芽成花率很高的品种，如玫瑰香、光辉及醉金香等修剪时可以采取超短梢修剪。

（2）短梢修剪。留1～2个芽，一般留1个芽（图4-50、图4-51）。短梢修剪规律性强，操作简单，我国南北生产中应用最广泛。南方棚架H形或"一"字形等多采用短梢修剪，北方篱架V形等也采用短梢修剪。

图4-50　短梢修剪（左：第一年，1个芽；右：第二年，1个芽）

图4-51　短梢修剪（左：第二年，2个芽；右：多年后，形成结果枝组）

①第一年幼树修剪。详见本章节"幼树枝梢管理"部分。在生长期短的地区（或设施内），树体生长高度（长度）仅1.2～1.5米，仅能培养1.0米左右长的结果母枝，供次年结果，需按照要求对结果母枝短截修剪即可；在生长期较长的地区（或设施内），树体形成主干、主蔓及结果母枝，需对结果母枝和枝蔓延长枝短截。

②第二年生树修剪。树体形成主干、主蔓，对主蔓上着生的枝条进行短梢修剪培养结果枝组或长梢修剪培养延长梢（图4-52）。

③多年生树修剪。树体已经形成主干、主蔓、结果枝组和结果母枝，需每年对结果枝组更新，对结果枝进行短梢修剪培养成新的结果枝组，供下一年结果，如此年复一年循环往复（图4-53）。究竟结果枝组可利用多少年，法国及日本等有70余年的大树，至今树体健壮，结果正常，回答了这个问题。

图4-52　短梢修剪效果（二年生树）

图4-53　短梢修剪效果（多年生树）

④短梢修剪结果枝组外移克服。短梢修剪需要每年连续采用此修剪方法，其间不得更改成中长梢修剪，否则结果枝组将外移，对枝梢及果穗管理不利。伴随树龄增加，结果枝组少量外移是正常的，但应通过更新修剪尽量将结果枝组控制在离主干最近的位置（图4-54）。

图4-54　多年生树短梢修剪枝组状况
（左：结果枝组没有外移；右：结果枝组已经外移）

⑤短梢修剪结果母枝留枝芽量确定。不同栽培品种的花芽分化能力差异较大。花芽分化好，每个枝组选留1枝1芽即可，称为单枝枝组；花芽分化差，每个枝组选留2枝1芽（或2枝2芽），称为双枝枝组；为了弥补产量之不足，有时单枝枝组与双枝枝组混合使用，1芽与2芽混合使用（图4-55、图4-56）。

图4-55　短梢修剪枝组微观状况（左：单枝枝组；右：双枝枝组）

图4-56　短梢修剪枝组宏观状况（左：单枝枝组；右：双枝枝组）

（3）中长梢修剪。剪留3芽（含3芽）以上。对于幼树，为了树体延长，扩大树冠时采用；对于成龄树，主要在克服花芽分化差时采用。

我国北方日光温室葡萄促早栽培及南方大棚等促早栽培，由于当时环境光照弱、温度低及休眠没有得到充分满足等原因，常常表现花芽分化节位提高或花芽分化差的现象，为了满足产量的需求，需要中长梢修剪，多留芽，以便次年多萌发出枝条，扩大枝条与花序数量基数，然后根据花序有无及花序质量等决定枝条的去留，再以花序定枝条，确保稳产。

采用中长梢修剪时结果部位外移是必然的，那么如何克服或延缓其外移呢？

第一种方法：对树体适时回缩更新，选用下部枝条（新的结果枝组）中长梢修剪结果，并每年对枝条进行水平绑缚，延缓结果部位外移，使树体结果部位高度一致（图4-57），这种方法在我国南方花芽分化差的地方经常使用。

图4-57　长梢修剪与结果部位外移克服（浙江）
（回缩更新，避雨棚栽培）

第二种方法：每年将树体枝蔓下压并交叉引缚扩大空间，保证结果枝组还保留在原来高度位置，使树体结果部位高度一致，实际树体延长外移了，但视觉结果位置没有外移。例如，这种修剪方法在辽宁沈阳永乐日光温室葡萄基地使用，其树龄大都突破10年，还结果正常（图4-58）。

图4-58　长梢修剪（日光温室，辽宁沈阳）

第三种方法：往往采用超长梢修剪，每年将超长梢反复绑缚在结果主蔓上，也造成视觉结果部位没有外移。这种方法对于花芽分化节位提高的品种是非常适宜的栽培方式（参见下文"特殊修剪方法"）。

中长梢修剪技术要求较高，往往需要长、短梢修剪结合，需依据品种、架式、空间、枝条质量等决定枝条去留与长短，为此需要在经验丰富的技术人员指导下完成。

（二）特殊修剪方法

在花芽分化比较差的地区，或处于花芽分化差的设施环境，或处于幼树阶段，往往需要多留芽来弥补花芽分化差、花序少的不足。

1. 多留枝蔓　常规情况下，单蔓花序数量够时，实行单蔓管理；不够时通过多培养枝蔓获得更多结果枝条来稳定产量。多枝蔓的培养可通过单株多蔓或直接多定植苗木来实现，枝蔓绑缚需要重叠（图4-59至图4-61）。

图4-59　多留枝蔓（左：西北日光温室；右：中原避雨栽培）

图4-60　多留枝蔓　　　　　　图4-61　多留枝蔓
（南方连栋大棚避雨栽培）　　（东北日光温室栽培）

2.**长梢修剪多留枝条水平绑缚于主蔓** 常规情况下，葡萄花芽分化良好，短梢修剪可获得正常的产量，但当花芽分化条件差时，为了确保产量，需要适度选留壮枝条作为更新枝而适当长梢修剪，然后将长梢绑缚在主蔓上，枝蔓可重叠，从而诱导多萌发新梢，增加花序发生概率，从而可以根据需要任意选择使用新梢（图4-62、图4-63）。

图4-62 多留枝条修剪水平绑缚与夏季新梢状况（一）
（左：萌芽前；右：萌芽后，大棚栽培；日本）

图4-63 多留枝条修剪水平绑缚与夏季新梢状况（二）
（左：萌芽前；右：萌芽后，南方避雨栽培）

具体做法：选择相邻的2个枝条短梢修剪（1～2芽），对相邻的第3个枝条开展中长梢修剪（4～6芽），并绑缚于主蔓上变成长结果母枝，这个结果母枝结果后形成支蔓；秋季修剪时，首先对这个支蔓选留基部1个梢（短梢修剪）短截，防止结果部位外移，其次从2个短梢修剪后结果的枝条中选择第1个枝条再进行中长梢修剪，相邻的2个枝条再依次短梢修剪，如此每年循环进行。实际上，应根据当地环境下上一年（或上一个季节）葡萄植株花序多少，再决定下一年长梢与短梢修剪的比例，判断起来有一定的技术含量。

四、日光温室等设施葡萄（超）早促成栽培更新修剪技术

首先，日光温室等设施葡萄（超）早促成栽培往往升温早，树体休眠不足或不彻底，当年生长发育表现出一系列不正常的现象（称休眠障碍，第八章详述）；其次，日光温室等设施葡萄促成栽培，花芽分化往往在光照时间短、温度低的环境进行，导致次年花芽分化节位提高（即超节位分化现象）或花芽分化差等。除了北方日光温室葡萄促早栽培表现花芽分化差外，在南方（如云南）大棚等促早栽培中也常常成花较差，可借鉴。

葡萄休眠障碍易导致当年及次年严重减产，花芽分化差导致次年减产或绝产。为此，一旦发生休眠障碍，应认识到必须开展更新修剪，恢复树势，诱导花芽重新分化；同时对早升温，当年即使没有表现出休眠障碍现象，也有必要采取夏季更新修剪或秋季长梢修剪，克服当年花芽分化不良的问题，确保次年正常结果。

克服休眠障碍更新修剪包括植株平茬更新、枝梢超短梢修剪更新及长梢修剪更新等，这里重点介绍植株平茬更新修剪技术，如图4-64为植株平茬更新后新树体。

图4-64　平茬更新培养成的新植株（辽宁沈阳）

（一）植株平茬更新

1. 植株平茬更新对整枝方式及时间的要求

（1）平茬对整枝方式的要求。该方法适合于篱架、单蔓（单臂）或双蔓（双臂）等短枝蔓整枝方式，而棚架等长枝蔓整枝方式可采用超短梢更新修剪。

（2）平茬时间。沈阳地区平茬时间在6月15～20日为宜，确保更新后发出的新梢在7～8月高温、长日照时期生长成新植株，确保花芽分化良好。

为了促进葡萄根系营养积累，要求栽培品种浆果于6月上旬前采收完，给平茬前留出恢复树势的足够时间（至少10～20天），否则平茬更新后，萌芽不整齐，发出的新梢长势强弱不均，甚至花芽分化不良，影响平茬更新效果。

2. 平茬方法

（1）迫使枝蔓基部的潜伏芽萌发。在沈阳地区，对于单蔓（单臂）嫁接植株，在枝蔓距离嫁接口上部10～20厘米处平茬（图4-65），迫使枝蔓上的潜伏芽萌发，然后选留1～2个健壮新梢培养成新植株（次年的结果母枝）（图4-66）。

该方法优点：新植株长势旺，整齐；缺点：平茬后萌芽略晚，一般需要10～15天，同时新植株偶尔表现出徒长现象，应控制肥

图4-65　平茬处理（辽宁沈阳）
（左：诱导潜伏芽萌发；右：夏季萌发部位）

图4-66　平茬处理（辽宁沈阳）
（萌发部位，秋季）

水，或多留新梢分流营养，多出的新梢（新植株）可以直接用于结果，也可在修剪时疏掉。

在云南等地区，对于篱架双蔓（双臂，T形）植株，在每个单臂距离分支点10厘米左右平茬更新，亦获得良好效果。

（2）诱导当年基部枝条绿枝芽萌发。在沈阳地区，于生产前期，在植株基部（嫁接口上部10～20厘米处，越接近地面越好）选留1个新梢，每延伸1～2片叶不断摘心，延缓其生长，推迟该枝梢木质化进程，同时使该新梢下垂于地面避荫，保持该枝梢基部尚未木质化（芽没有休眠，受刺激后易萌芽）。平茬修剪时，将所留枝条上部植株剪掉，并对所选留的尚未木质化枝梢进行短梢修剪，诱导没有休眠的芽萌发，培养成新植株（图4-67）。

图4-67　平茬处理部位（辽宁沈阳）
（左：诱导基部没有休眠的绿枝芽萌发；右：萌发部位）

该方法优点：萌芽快，一般需要1周左右，对采收较晚的品种有益。

3. 平茬更新前后树体综合管理　平茬前，浆果采收后，主梢叶片已经处于老化状态，甚至有时叶片已经黄化或脱落，为此，应诱导副梢生长，多留叶片（图4-68），促进根系发育与营养积累。

图4-68　平茬前树势恢复（辽宁沈阳）

平茬后，萌芽后尽早选定1～2个健壮新梢，待新植株长到30厘米左右应及时绑缚，待新植株长到1.0～1.2米时摘心，对部分花芽分化难的品种（如京玉等）也可分2～3次摘心，促进花芽分化。并加强副梢管理，预防冬芽萌发（表4-1，图4-69）。

秋季应预防早霜危害，可带叶越冬休眠，升温后再修剪。

表4-1　葡萄不同品种平茬更新长势对比（沈阳地区）

品种	树体粗度（地径，厘米）	
	当年栽植幼树	平茬更新
京玉	0.4～0.5	0.6～0.8
着色香	0.4～0.5	0.6～0.7

图4-69　平茬后新植株树体管理（辽宁沈阳）

日光温室葡萄与露地葡萄一个重要的不同点是生育期延长4～5个月，除了需加强枝梢管理外，还应加强肥水管理。需增加施肥次数与施肥量，变一年施基肥1次为2次，通常浆果采收后平茬前，需要立即开沟施有机肥，开沟施肥能有效断根，促发新根，恢复树势；平茬后，应灌大水，增加设施内湿度，促进萌芽。

（二）超短梢修剪更新

除了树体平茬更新修剪外，对枝梢超短修剪也是一种更新方式，不仅适合短枝蔓整枝方式也适合长枝蔓整枝方式。操作也在6月20日前后进行，方法是保留树体主蔓，对结果枝及营养枝采取超短梢修剪（仅留基芽），对发出的新梢留4～6片叶常规摘心管理，促进其花芽再分化（图4-70）。

超短梢修剪更新，树体一直保留完整的主干，贮藏营养丰富，更新后萌芽快，长势好，更新时间可适度推迟。可见，超短梢修剪是一种很理想的更新手段。北方日光温室葡萄越冬已经不必下架防寒，也可采用大树形，每年枝梢通过超短修剪更新可实现连续丰产。

图4-70　超短梢修剪更新（河北饶阳）
（左：超短梢修剪后萌芽；右：超短梢更新修剪枝条培育）

（三）长梢修剪更新

有时因管理不善，葡萄采收较迟，如在沈阳地区，进入7月，再采用平茬或超短梢修剪更新为时已晚，为了保障下一年正常结果，需采用长梢修剪再培养新枝条更新。目前这种做法在沈阳日光温室及云南封闭式避雨棚栽培中都有应用，效果也较好。

具体时间在沈阳地区7月中旬前进行。

做法：根据枝条数量，疏除多余的弱枝，对壮枝条留4个芽中长梢修剪，掰掉叶片，同时对顶芽采用破眠剂处理，诱导顶芽萌发，培养成新枝条重新进行花芽分化；秋冬季对新枝条进行短梢修剪（1～2个芽），培养成新结果母枝；次年利用新结果母枝结果（图4-71）。这种更新方法属于长梢修剪范畴，枝梢其他管理参见长梢修剪相关部分。本做法结果部位也易外移，需克服。

图4-71　长梢修剪更新（云南开远）

五、葡萄枝蔓老皮的清除

伴随葡萄枝蔓逐年的加粗生长，在韧皮部形成层每年会向外分生一层新皮，然后外层老皮枯死，新皮与老皮之间产生离层，在外力作用下老皮可脱落。如果老皮没有脱落，会逐年叠加形成一层厚厚的枯死老皮，由于这层老皮是腐朽的有机物，且其上面布满大小不规整的裂缝（图4-72），昆虫会在葡萄枝蔓老树皮裂缝中产卵繁殖及越冬，微生物也会在裂缝中栖息繁殖，等到条件适宜，昆虫及微生物会对葡萄枝蔓及树体造成危害，因此有必要及时将老皮清除。

图4-72　葡萄枝蔓老树皮形态

葡萄起源不同，老树皮与新树皮分离难易有差别，通常美洲种、欧美杂交种易脱离，而欧洲种不易脱离。美洲种、欧美杂交种老皮脱离后呈大的条块状，易于人工剥离，而欧洲种老皮脱离后仅呈小的板块状碎片，人工清除极为麻烦。

葡萄枝蔓老树皮清除工作一般需每年春季进行，也可隔年开展。清除枝蔓老皮应有序进行，按先主干，后主蔓，再到结果枝组的顺序（图4-73）。

图4-73　人工清除葡萄枝蔓老树皮

除了传统的人工清除老树皮方法外，高压泵水流冲击也可将老树皮清除（图4-74），注意不能使用锐器损伤内层树皮。

图4-74　高压泵清除葡萄枝蔓老树皮

清除的老树皮应集中焚毁或粉碎后混杂到有机肥中发酵再利用。

第五章 设施葡萄花果管理

　　葡萄生产的最终目的是为了获得优质的浆果，为此需要开展严格的花果管理程序，如疏花序、花序整形、植物生长调节剂处理、疏果、果穗套袋打伞等（图5-1），并通过科学采收与包装等，最终达到控产、提质、增效的目的。

图5-1　葡萄果穗管理

一、疏花序与控产

　　疏花序和花序整形是调节葡萄产量，达到植株合理负载量及提高葡萄品质的关键性技术之一（图5-2）。

图5-2　疏葡萄花序

（一）花序分布特点与影响花序发育的因素

葡萄品种根据其来源的不同，花序分布存在很大的差异，这是由其遗传性所决定的，如巨峰、光辉、着色香花芽分化良好，通常每个枝条具有2～3个花序，而无核白鸡心每个枝条平均具有0.3～0.4个花序（图5-3）；同时，环境条件如光照、温度等对葡萄花芽分化影响较大。如无核白在新疆花芽分化良好，通常每个枝条具有1～2个花序，而在东北往往没有花序；巨峰在东北花序很多，而在南方花序较少。除此之外，产量及管理因素对花序形成亦有影响。

图5-3　花序分布（左：着色香；中：光辉；右：无核白鸡心）

（二）疏花序时间

疏花序应在定枝后马上开展（图5-4）。对生长偏弱、坐果较好的品种（如维多利亚、红地球等），原则上应尽早疏去多余花序，通常在新梢能明显分辨出花序多少、大小的时候一次进行，以节省养分。对落花落果严重的品种（如京亚、醉金香等），应分两次完成：第一次操作同生

图5-4 疏花序时期

长偏弱、坐果较好的品种，但要多预留30%左右的花序；第二次操作在经过植物生长调节剂等处理诱导结果后，待最终看清坐果效果时（花后15～20天，果粒黄豆粒大小时，与疏果同时进行），再将坐果不好、多预留部分果穗疏去。

早促成栽培时，往往前期温度较低、光照弱，萌芽不整齐，可根据实际情况分批疏花序。

（三）疏花序方法

根据设施类型、栽培方向、品种特点、树龄及树势等确定单位面积产量指标，然后把产量分配到单株或单位面积架面上，再进行疏花序。一般对果穗重400克以上的大穗品种，原则上细弱枝不留花序，中庸和强壮枝各留1个花序。个别空间较大、枝条稀疏、强壮的枝可留2个花序。疏花序应考虑如下方面各因素和顺序：

1.**新梢强弱** 细弱枝→中庸枝→强壮枝。

2.**新梢位置** 主蔓下部离地面较近的低位枝→主、侧蔓延长枝→结果枝组中的距主蔓近的下一年留作更新枝。

3.**花序着生位置** 与架面铁线或与枝蔓及叶柄等交叉花序→同一结果新梢的上位花序。

4.**花序大小与质量** 畸形花序→伤病花序→小花序。

（四）控产

要想获得优质浆果，必须严格控制产量，我国设施葡萄每亩的标准产量应该控制在1 000 ～ 1 500千克。如果进行高品质果品生产，每亩控制产量1 000千克之内，如上海马陆葡萄研究所将巨峰的产量控制在800千克左右，实现了优质优价。

我国对鲜食葡萄控产的认识刚刚开始，而日本很久以前对不同品种、不同的栽培方式已经有比较明确的标准（表5-1），值得参考。

表5-1　葡萄疏花序标准

（日本长野县）

品种	每1 000米²产量（吨）	穗重（克）	每1 000米²果穗数量（个）	每3.3米²果穗数量（个）
巨峰（露地）	1.5	400	3 750	12～13
巨峰（温室）	1.4	350～400	3 500～4 000	12～13
先锋（无核化）	1.5	450～500	3 500	10～13
玫瑰露（无核化）	1.5	110～150	10 000～13 600	33～45
奈格拉（Niagara）	2.0	250	8 000	27

注：摘译自《果实日本》1995年5月。

二、花序整形及疏果

（一）花序整形

花序整形的主要目的是控制穗重标准一致，同时完善穗形，使其美观，并便于采收包装、运输及销售。目前生产中不同品种果穗重量标准略有不同，形态也差异较大，通常把耐运输的品种整理成松散型，而把不耐运输的品种整理成紧凑型。

1.分枝松散型　对耐运输能力强的欧洲种，如红地球、维多利亚、无核白鸡心等，果粒相对可稀些，即将果穗整理成松散型为宜（图5-5、图5-6）。果穗修整成松散形，对单个浆果发育有利。

　　具体做法：花前1周左右先掐去全穗长1/5 ～ 1/4的穗尖，初花期剪去过大过长的副穗和歧肩，然后根据穗重指标，结合花序轴上各分枝情况，可以采取长的剪短、紧的"隔2去1"（即从花序基部向前端每间隔2个分枝剪去一个分枝）的办法，疏减果粒，减少穗重，达到要求。

图5-5　分枝疏散形花序整形示意

图5-6　分枝疏散形果穗穗形

　　2．紧凑型　　主要在耐运输能力较差的欧美杂交种品种中应用，是一种被动措施。

　　（1）自然紧凑型。对于自然坐果较好品种，如光辉、状元红、藤稔等，果穗能依靠自然坐果发育成紧凑型。花序整形时，在初花期先掐去全穗长1/5 ～ 1/4的穗尖，再剪去副穗和歧肩，最后从上部剪掉3 ～ 6个花序大分枝，尽量保留中下部小分枝，使果穗紧凑，并达到要求的短圆锥形或圆柱形标准（图5-7、图5-8）。

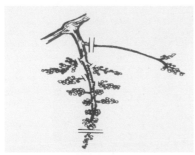

图5-7　自然紧凑型花序整形示意

图5-8　自然紧凑型果穗穗形（光辉）

（2）植物生长调节剂诱导紧凑型。对于自然坐果较差的葡萄品种，如夏黑、醉金香、阳光玫瑰等，果穗需要依赖植物生长调节剂处理诱导成紧凑型（图5-9、图5-10）。方法：在初花期仅保留花序顶端部3.5～4厘米整形，植物生长调节剂处理结束后再通过疏粒调整穗重。在日本，先锋、阳光玫瑰等品种果穗重控制在400～500克，我国将京亚、夏黑、巨峰、醉金香及藤稔等品种穗重控制在750～1 000克。

图5-9 巨峰整形与效果

图5-10 阳光玫瑰穗形（日本）

（二）疏果

1.疏果时间　疏果时间一般在花后2～4周，即果粒达到黄豆粒大小时开始进行（需要植物生长调节剂处理的品种在膨大处理后进行）（图5-11），越早疏果对浆果膨大越有益。

图5-11　疏果（左：蔬果前；右：蔬果后）

2.疏果标准与方法　日本巨峰葡萄的疏果标准是单穗重350克左右，单粒重12克，每穗30粒，如果用一个15段组成的果穗模型来表示的话，从上到下如图5-12所示。

图5-12　巨峰疏果（左：疏果方法示意；右：疏果效果）

疏果要求达到紧而不挤、疏而不散。果穗要求单层果，每个浆果充分见光，使其色泽发育一致。科学疏果有利于浆果膨大，提高商品质量（图5-13）。

图5-13　疏果效果（左：阳光玫瑰；右：先锋）

三、植物生长调节剂处理

有些葡萄品种对植物生长调节剂有必需性，不得不采用，如夏黑、先锋、阳光玫瑰等。凡事有利也有弊，目前我国葡萄生产对植物生长调节剂的盲目使用值得注意。

（一）植物生长调节剂处理的目的

拉长花序、调节坐果、诱导无核、促进果粒增大，生产出优质葡萄，提高经济效益。

（二）常用植物生长调节剂种类

生产中常采用的植物生长调节剂有赤霉素（GA_3）、吡效隆（CPPU）等，成品制剂如美国"奇宝"、膨大剂、大果素等。

（三）植物生长调节剂处理工具

葡萄植物生长调节剂处理有专用工具，如塑料杯、小型喷雾器等（图5-14、图5-15）。

图5-14 植物生长调节剂处理工具（日本）

图5-15 植物生长调节剂处理工具

（四）处理时间与浓度

根据处理目的不同选择处理时间。以拉长花序、疏果为目的，应在花前处理；以提高坐果、诱导无核为目的，如巨峰群葡萄应在盛花期或盛花末期；而以果实膨大为目的，应在花后10天左右处理（表5-2，图5-16）。

表5-2　葡萄植物生长调节剂处理方法

（供参考）

品　种	药剂名称	次数与浓度 （mg/L）	使用时间	主要作用
京亚、夏黑、 藤稔、阳光玫瑰	赤霉素	① 25 ② 25	盛花末期 第一次施药后 10～15天	促进坐果 增大果粒
着色香、 金星无核	赤霉素	① 100 ② 100	初花期 盛花后10～15天	增大果粒
无核白鸡心	赤霉素	① 20 ② 40	初花期 盛花后10～15天	增大果粒

图5-16　植物生长调节剂处理时期（品种：巨峰）

（左：盛花末期；右：盛花后10 ～ 15天）

四、果穗套袋与打伞

葡萄套袋与打伞能为浆果发育提供良好环境，免受外界危害（图5-17、图5-18）。

图5-17　葡萄套袋打伞（日本）

（各色袋）

图5-18 果穗套袋效果

（一）果穗套袋作用

（1）防止农药污染和残留，提高食用安全性。

（2）避免灰尘污染和机械磨损，提高果面光洁度，提高浆果等级。

（3）阻止暴雨、冰雹、沙尘和鸟兽等侵袭，减少病虫侵害，达到优质稳产的目的。

（4）改善果面微气候环境，调整果品着色程度，最终提高外观品质。

（二）葡萄袋种类

葡萄果袋一般是由专业企业生产的不同材质袋，如纸质袋、塑料袋和无纺布袋等（图5-19）。

图5-19 果实套袋（左：白纸袋；右：塑料袋）

　　根据品种特点、果穗大小，规格也不尽相同，如目前市场上有巨峰袋、红地球袋等；根据纸质性质、材料及颜色等，具有不同作用，通常深色防日灼（图5-20），同时对浆果色泽也有影响，如阳光玫瑰选择绿色果袋，浆果亮丽青绿（图5-21），选择白色果袋，果皮金黄，生产中应合理选用。近年来塑料袋和无纺布袋等也开始应用于葡萄生产，效果与纸袋相当，但造价低廉很多，不过塑料袋应注意日灼问题。

图5-20　果实套袋（左：无纺布袋；右：各色纸袋）

图5-21　果实套袋（左：防日灼棕色纸袋；右：绿色纸袋）

（三）果穗套袋技术

套袋前需进行果穗整理和果穗消毒灭菌。田间应灌一次透水，提高地面湿度。套袋应在10点以前或16点以后非炎热时段进行。棚架荫蔽环境下果穗套袋宜早（果粒较小）不宜晚，篱架和棚架的立面果穗因阳光直射，应适当推迟（果粒较大）套袋，以防止日灼。

套袋过程中，果穗应放置在袋中部，保证不与袋壁接触，前期避免日灼，后期防止摩擦果粉；封口时铅丝捆绑在穗梗（柄）处，而不是绑在结果枝条上，自然穗柄长的品种或通过人工整形实现长穗柄，对套袋操作有益；套袋封口应严实，避免雨水或病虫等侵入（图5-22）。

图5-22　果实套袋方法

对于难着色的葡萄品种，采收前1周左右需要摘袋，使浆果充分见光着色，同时为了防止雨水及灰尘等污染还需要打伞（图5-23）。

图5-23　葡萄打伞（日本）

五、促进着色技术

有些葡萄品种上色较困难，影响经济效益。生产中可以通过合理负载、控制旺长、铺设反光膜、环剥、去除老叶、及时摘袋及喷施磷钾肥等综合技术措施促进着色。

（一）环剥

环剥即环状剥皮，可促进果实着色，加速成熟。通常在浆果软化期进行。国内外在鲜食葡萄生产中应用广泛。

一般说来，环剥可在新梢、结果母枝、主蔓或主干上进行。为了方便，一般在多年生主干上环剥。

具体做法：在葡萄主干上用刀横向将树皮呈双环状切开，并剥掉完整的一圈皮，不要伤到木质部，环剥宽度一般为2～5毫米（图5-24），从而阻断树体的养分向下输送，增加环剥口以上同化养分

图5-24　环剥（左：环剥口；右：环剥口愈合状）

和植物激素的积累，加强环剥口上部各器官的营养，以达到促进浆果膨大、增色、提早成熟的效果。

应用环剥技术时，需要加强肥水管理，搞好疏果，控制产量，避免削弱树势。

环剥有专用工具，应选择使用。

（二）反光材料的应用

葡萄除了叶片光合作用需要光照外，浆果着色也需要光照，研究表明，浆果见光比不见光易上色，因此，从浆果转色期开始，需要创造条件，增加叶片及浆果的光照。

锡箔纸、白色或灰色地膜具有反射光的作用，生产中已经得到应用（图5-25）。反光地膜可早春铺设，兼发挥除草作用。

图5-25 覆盖锡箔纸及地膜反光

反光地膜等材料表面是平滑的，光线照射到地膜后产生的反射光是直射光，这样的反射光再照射到葡萄叶片或浆果表面有一定的局限性，为此研究出了表面凸凹不平的专业反光布，使得更多反射光能被葡萄利用。除此之外，目前生产中有专用反光幕（锡箔材料），反光幕铺设地面或悬挂在日光温室后墙发挥反光作用，补充设施光照，促进浆果着色（图5-26）。

图5-26　反光布与反光幕
（左：避雨棚，张家港神园；右：日光温室，沈阳 ）

（三）去除果穗周边老叶

　　研究表明，葡萄浆果转色时，浆果周边叶片已经衰老，失去光合机能，因此在浆果转色期开始，可去除果穗周边老叶，使果穗充分见光，达到促进浆果着色的目的。本项技术在国内外鲜食葡萄生产上应用普遍（图5-27），在酿酒葡萄上也开始应用（图5-28）。

图5-27　棚架去除果穗周边老叶　　　　图5-28　篱架去除果穗周边老叶

　　在生产实践中，葡萄促进着色技术的应用往往不是片面孤立的，而是根据实际综合选用，以发挥最佳效果。

六、二次果生产

葡萄具有多次结果能力，我们可以利用这一特性开展二次果生产。二次果生产可以一年二收，也可以有目的剪去春季一茬花序，培养夏季二茬花序延时上市，一年一收，调节葡萄产期。

葡萄二次果自然坐果好、着色快、生育期短、品质优，浆果耐运输能力强；实现二次果生产首先需要满足葡萄正常生长发育的气候条件，其次要选择具有多次结果能力的品种，并配套适当的生产技术。

（一）南方避雨栽培二次果（冬果）生产

南方部分地区物候期长达300多天，温度适宜，同时秋冬时节降雨少，光照多，非常适宜葡萄二次果生产。如广西、云南等地，在生产中选择巨峰、夏黑、维多利亚及美人指等进行二次果生产，浆果上市时间为10月至次年2月，市场供应期长达3～6个月，可弥补我国冬季及早春鲜食葡萄市场空缺（图5-29）。

图5-29 巨峰避雨棚二次果生产（据广西农业科学院网站资料）
（左：一次果，6～7月；右：二次果，12月至次年1月）

正常情况下是在上一季浆果采收后再开展二次果生产，对于生育期长的品种，如美人指、阳光玫瑰也可以在上一季浆果没有采收时就开展，俗称"两世同堂"（图5-30）。

图5-30 避雨棚二次果生产（"两世同堂"）

（二）北方大棚或日光温室二次果生产

北方大棚物候期长达170～180天，日光温室物候期更长，温度适宜，同时秋冬时节降雨（雪）稀少，光照充足，也非常适宜葡萄二次果生产；生产中应尽量选择生育期比较短的品种，如早霞玫瑰（图5-31）、87-1、维多利亚、着色香、光辉（图5-32）等，或选择中晚熟品种如巨峰、夕阳红等；浆果上市时间为10月至次年2月，市场供应期长达4～5个月。

图5-31 早霞玫瑰日光温室二次果生产
（辽宁大连）

图5-32 光辉大棚二次果
生产（辽宁沈阳）

葡萄二次果生产的最主要意义是调节产期，实际上还有两个重大内涵需要挖掘：一个是二次果自然坐果率显著提高，常规一次果生产需要植物生长调节剂处理来稳定坐果的品种，如醉金香等，可通过二次果依赖自然坐果实现丰产稳产，规避植物生长调节剂处理风险与节省投资；另一个是二次果着色容易，常规一次果生产不易上色的品种，如夕阳红（图5-33）、安艺皇后、信浓乐等优质品种，二次果自然上色良好，可弥补品种之不足。

图5-33 夕阳红大棚二次果生产
（辽宁沈阳）

七、科学采收与包装

（一）采收

采收是葡萄浆果田间生产中最后一个环节，适时科学的采收，直接关系到当年葡萄收获量、浆果品质和生产者经济效益。

1. 采收时间

葡萄采收的合理时间是外观色泽指标达到该品种固有色泽，生理指标达到该品种最高含量时，如巨峰外观色泽需蓝黑色，可溶性固形物含量达到18%以上，品味达到最佳口感等（图5-34、图5-35）。

图5-34 果实固有色泽

图5-35　果实充分成熟状态

2.采收方法　葡萄采收是精细过程，一般带袋直接采收后放入塑料箱内，没有套袋的手握穗柄剪下（尽量保护果粉），为了防止挤压需要单层摆放，采收后应避免在阳光下暴晒，减少水分流失，应迅速转运到包装车间进行包装。葡萄浆果田间采收数量应与包装数量相匹配，勿积压（图5-36）。若出现积压，应及时贮藏在冷库中，以减少损失。

图5-36　精心采收与运输

（二）分级包装

葡萄进入市场需要科学的分级包装。经营者根据市场的定位进行不同的分级包装。通过分级包装增强商品外观，减少损耗，提高市场竞争力，促进销售，增加附加值，合理的分级包装可以使葡萄仓储标准化，利于贮藏运输和管理。

1. **分级**　通过分级便于包装、贮运，减少产后流通环节损耗，确保葡萄在产后链条增值增效，实现优质优价，提高市场竞争力，争创名牌产品。

分级前必须对果穗进行整修，达到穗形整齐美观的目的。整修是把果穗中的病、虫、青、小、残、畸形的果粒选出剪除，对超长、超宽和过分稀疏果穗进行适当分解修饰，美化穗形。整修果穗可与采收及分级包装结合进行，也可在分级车间独立进行（图5-37、图5-38）。

图5-37　简易分级包装　　　　　图5-38　流水线分级包装
（完全手工操作）　　　　　　　（半手工操作）

2. **包装**　目前包装分成田间直接采收包装和车间包装两种方式。

田间直接采收包装：采收与包装同时进行，浆果采收后，经过分级、整穗后直接装箱。

车间包装：在包装车间内完成。简易包装车间都是手工作业，劳动力需求量较大；比较现代化的包装车间往往流水线自动作业，解放部分劳动力，包装速度快。

（1）单穗小包装。最小的包装为单穗包装。小包装的主要作用是防止果穗间相互摩擦，保持果粉完整，减少脱粒，减少运输贮藏中损耗；同时也便于零售，零售时标明品种名称、产地、穗重、价格及价值等。

①白纸包裹隔离单穗包装。最简单的小包装用白纸将单穗包裹起来，然后装入包装箱（图5-39）。

图5-39　白纸包裹隔离单穗包装

②塑料袋单穗包装。塑料袋为专用袋，不同品种规格不同，有的全部为塑料制成，有的一面纸一面塑料，塑料袋为了透气，往往上面均匀地分布有孔洞，一面纸的塑料袋由于纸具有透气性，往往没有孔洞。塑料袋小包装除了具有防止果穗间相互摩擦、保持果粉完整与卫生、减少脱粒的作用外，保鲜期也较长（图5-40）。

图5-40　塑料袋包装（左：纸塑袋；右：塑料袋）

③塑料盒单穗包装。具有塑料袋包装的作用，由于塑料盒方正且规则，便于进一步装箱（图5-41、图5-42）。

④托盘保鲜膜包裹单穗包装。首先将果穗放置在托盘内，而后将果穗以保鲜膜包裹，防止果穗移动，便于进一步装箱、零售及保鲜。托盘底有孔促进气体流通。

（2）批发大包装。大包装通常指重量在2.5千克以上的包装，最大的包装为5千克包装。大包装的主要作用是方便运输，并减少运输贮藏中浆果损耗，同时也便于批发零售。

图5-41 塑料盒单穗包装

图5-42 托盘保鲜膜包裹单穗包装

①苯板箱。苯板箱包装通常有两类：一类有孔，便于内外气体交流，适宜冷链贮运；另一类没有孔，适宜短时间贮运。苯板箱耐潮湿，抗压性也较强，特别适合长时间贮运，应用越来越多。但苯板箱一般不再回收利用（图5-43）。

②塑料箱。塑料箱分为大塑料箱与小塑料箱（图5-44、图5-45）。塑料箱耐潮湿，抗压性强，特别适合长距离运输。小塑料箱主要用于贮藏兼运输，优点是可以直接零售。塑料箱一般能够回收再利用。

③木板箱。木板箱耐潮湿，抗压性强，特别适合长距离运输，应用越来越多。木板箱的板材可以是单一板或复合板，木板箱一般

图5-43 苯板箱

图5-44 塑料箱（大箱）

图5-45 塑料箱（小箱）

可回收再利用（图5-46）。

④纸板箱。纸板箱耐潮湿性差，抗压性也较差，不适合长距离运输（图5-47），一般不能回收再利用。纸板箱造价低，又可印刷上美丽的图案、说明等，生产中应用的比较多。

图5-46 木板箱

图5-47 纸板箱

⑤PVC箱。刚刚开始应用，与苯板箱包装特点类似，耐潮湿，抗压性也较强（图5-48），特别适合长时间贮运，目前各国葡萄出口主要采用本包装。但PVC箱一般也不再回收利用。

（3）精品小包装。通常采用纸板箱。纸板箱可印刷上美丽的图案、说明等，这方面独具优势，目前国内外应用较广，可作为直销包装，也可作为礼品包装（图5-49）。目前日本网络销售都采用精品小包装。

图5-48　PVC大包装

图5-49　精品直销小包装

第六章　设施葡萄土肥水管理

　　土壤是葡萄赖以生存的基础。葡萄植株通过根系从土壤中吸收矿物质等营养及水分，完成正常的新陈代谢。因此对土壤的科学管理异常重要。

　　有灌溉条件，尤其是采用滴灌方式的葡萄园，葡萄根系分布浅而集中。在土层深厚、疏松、肥沃、地下水位低的条件下，葡萄根系生长迅速，根量大，分布深；相反，则根系分布浅而窄。除此之外，干旱、冻害、pH过高、土壤缺素、根瘤蚜与线虫频发等不良因素亦严重影响葡萄根系生长。

一、设施葡萄土壤管理

（一）生草制管理

　　国外果园土壤管理以生草为主，生草对土壤、环境及树体都有益，但需适时割草（图6-1）。

图6-1　土壤生草管理（日本）

生草能保持土壤疏松，便于葡萄根系活动，同时通过生草栽培，营养成分随着每年草叶、茎、根等器官的更新循环逐渐回到土壤中，能提高土壤有机质含量。果园生草对草的品种有一定的要求，如抗踩踏、根系浅、分蘖能力强、更新快等。如三叶草（图6-2）是我国南北通用的优良品种。

图6-2　三叶草

（二）清耕制管理

在我国，葡萄园管理以清耕为主（图6-3、图6-4），实行人工除草，这是千百年来形成的传统。土壤在清耕制管理下易板结，有机质含量降低快，不利于可持续发展。

图6-3　土壤清耕管理（日光温室）

图6-4　土壤清耕管理（大棚）

（三）覆盖制管理

黑地膜及园艺地布覆盖地面具有良好的防草效果（图6-5、图6-6），是我国近几年来刚刚得到推广的土壤管理新模式。地膜及园艺地布覆盖能够保持土壤湿度，提高地温，对干旱地区发展葡萄生产非常有利，对新植幼树的前期保成活及后续的生长发育也有利，但长期覆盖易诱导葡萄根系上返，削弱葡萄根系向深处的分布能力。一般好的地膜使用寿命为2～3年，园艺地布使用寿命为5～6年。

图6-5　土壤地膜覆盖（四川）　　　图6-6　土壤园艺地布覆盖（辽宁沈阳）
　　　　（避雨棚栽培）　　　　　　　　　　（大棚栽培）

地面覆草也是防止杂草滋生的有效方法（图6-7）。覆盖杂草，能够保持土壤湿润，降低地温，对葡萄根系生长发育非常有利。杂草平铺于葡萄根颈处，经2～3年腐烂后逐渐转化成有机肥，有利于土壤地力恢复。

图6-7　土壤覆草（左：上海；右：日本）

（四）其他

1. 化学除草　目前，对于大多数农作物，采用除草剂除草是主要方式（图6-8），但对设施葡萄而言，由于设施营造了完全封闭或半封闭的环境，使用除草剂很容易造成药害，同时，连续化学除草容易导致土壤板结。因此，设施葡萄栽培不提倡使用除草剂，以覆盖抑草、机械及人工除草等方法为宜。

2. 深翻松土　葡萄园秋季深翻有利于维持土壤结构疏松，满足葡萄根系生长发育的需求。可利用机械深翻。深翻的深度以15～20厘米为宜（图6-9），操作时间南方葡萄园以秋季或春季为宜，北方在春季进行适合。

图6-8　土壤化学除草　　　　　　　图6-9　土壤深翻松土

北方冬季寒冷，土壤会不同程度结冻，每年冻融交替也会使土壤自然疏松，因此，北方应充分利用寒冷资源。

葡萄园除了作业踩踏导致土壤板结外，大水漫灌也是重要诱因，应尽量规避。

3. 土壤盐渍化问题　设施葡萄园由于长时间没有雨水淋溶，土壤中的盐会上返，在土壤表面形成白色结晶体，即土壤盐渍化现象。土壤中盐含量增加，严重时会影响葡萄正常的生长发育。为此，设施葡萄园每隔3～5年，结合更换塑料膜或适时揭开塑料薄膜，使土壤接受雨水淋溶洗盐，减少盐渍化危害（图6-10）；同时设施内通过种植绿色植物吸收过多的盐类，也是很好的克服办法（图6-11）。

图6-10　土壤接受雨水洗盐　　　图6-11　设施内种植绿色植物吸盐

4. 重茬问题　设施葡萄长期连作对葡萄生长发育是有影响的，如病虫害重、生长势减弱、产量低、品质下降等，即重茬问题。生产中可通过下列措施缓解：

（1）轮作。将树体清理后，轮作其他作物2～3年后再种植葡萄。

（2）增施有机肥与抗重茬菌肥。需要重新挖栽植沟，多施有机肥。抗重茬菌肥含有一定的专业微生物，对缓解重茬有一定的效果，但需要与有机肥结合使用以利于其发挥作用。

（3）利用设施极端温度。在栽植沟回填前，利用设施极端环境如高温（40℃以上）、严寒（－20℃以下）杀菌灭虫，降低设施内特别是土壤中有害生物的数量，缓解长期栽培葡萄导致的病虫害加重现象。

5. 限域栽培　葡萄限域栽培是利用一些物理或生态的方法，将葡萄的根系控制在一定的容积内，通过控制根系的生长来调节地上部的营养生长和生殖生长过程（图6-12、图6-13）。

葡萄限域栽培的优点：

（1）平衡树势，提高果实品质，丰产稳产。由于根系被限定在有效的空间内生长，树体生长得到人为的有效控制，不会出现营养生长过旺现象，较易实现营养生长与生殖生长的平衡，植株生长健

图6-12　限域栽培（左：上海马陆葡萄园；右：日本）

图6-13　限域栽培（广西南宁）

壮而长势均衡，有利于养分积累与花芽分化，坐果率提高，果实品质提高，丰产稳产。

（2）充分利用自然资源，节约土地。为了充分利用本地区的光照资源与热量资源，选择合理的设施栽培类型和限根方法，开展稀植大架式栽培，还可结合休闲观光，发挥最佳效应。

（3）节水、节肥，便于管理。提高了施入土壤内肥水的可控性，避免养分流失，肥水的利用率大大提高，节约资源。

二、设施葡萄施肥技术

设施葡萄对肥料的利用与露地是有差异的。设施葡萄往往生育期较长，地温一般较高，土壤相对易保持湿润，这些因素为肥料的分解利用创造了条件，为此需要增加施肥次数与数量，满足树体发育需求（图6-14）。

图6-14　施有机肥

（一）有机肥的施用

根据调查，我国葡萄产区土壤有机质含量普遍为1%～2%，而日本葡萄园有机质含量维持在7%左右，这是我国生产不出优质葡萄的根本原因。与国外相比，我国土壤有机质含量低的主要原因在于土壤耕种时间长，同时不良的耕种方式如秸秆不还田、不休耕、少轮作等都导致土壤有机质含量下降；且我国葡萄生产长期以来只重视地上管理而忽视地下管理，这些应引起足够的重视。

1.提倡多施有机肥　设施葡萄的土地利用率高，要求土壤养分一定要充足，而且透气性、保水性应良好，要做到这一点，就必须多施有机肥。

有机肥指动、植物有机体及动物排泄物，经微生物腐熟后形成的有机质，是葡萄生长发育与新陈代谢所必需的。有机肥主要包括堆肥、人粪尿、厩肥、鸡粪以及绿肥。当然，有机肥的种类不同，所含有的营养元素种类和数量也有差别（表6-1），应结合当地实际合理选用。

表6-1 常用有机肥养分含量（%）

种类	水分	有机物	氮（N）	磷（P$_2$O$_5$）	钾（K$_2$O）
一般堆肥	60～70	15～25	0.4～0.5	0.18～0.26	0.45～0.70
人粪尿		5～10	0.5～0.8	0.2～0.4	0.2～0.3
猪厩肥	72.4	25	0.45	0.19	0.60
羊厩肥	64.6	31.8	0.83	0.23	0.67
鸡粪	50.5	25.5	1.63	1.54	0.85
蚕豆绿肥	80		0.55	0.12	0.45

2. 正确使用有机肥

（1）有机肥腐熟的作用。有机肥所含养分多为有机态，不易被分解利用，必须在腐熟（发酵）过程中、于微生物的参与下（图6-15、图6-16），经过矿化作用变成化学元素或化合物才能被葡萄根系吸收；另外，有机肥发酵前往往混杂有病菌、寄生虫卵、昆虫卵或幼虫、草籽等，需通过腐熟过程中产生的热量进行无害化处理才能杀灭，可见有机肥需要腐熟。

图6-15 有机肥发酵处理（辽宁沈阳）　图6-16 秸秆与有机肥混合发酵（日本）

　　有机肥发酵是在有氧环境经微生物作用完成的，高温、低湿和通气良好的环境有利于微生物活动，对有机肥发酵有利。发酵好的有机肥应松散、无味，对环境无污染，便于使用（图6-17）。

图6-17　有机肥发酵

　　葡萄枝蔓粉碎后混到有机肥中发酵（图6-18、图6-19），能提高发酵速度，增加有机质含量，实现秸秆还田；其他有机物如葡萄叶片、粉碎的其他农作物秸秆及稻壳等，也应收集起来与有机肥混合发酵使用。

图6-18　粉碎葡萄枝蔓　　　　　　图6-19　葡萄枝蔓碎片

　　（2）有机肥施用时期与施肥量。常规情况下有机肥作为基肥施用，施用时间决定其发挥作用的大小与利用率的高低。一般果实采收后或采收前施有机肥，此时土壤温度还较高，微生物活跃，根系又处于生长阶段，施肥后有部分营养将被吸收，供树体发育或积累，对次年花芽的接续分化与春季萌芽、花序发育、开花坐果等发挥基础作用。为了便于有机肥运输与施用，应合理包装（图6-20）。

图6-20　有机肥包装（日本）

在我国，广泛使用有机肥已形成传统。有机肥用量一般通过葡萄浆果产量来计算，即施肥量是产量的2～3倍，以每亩生产葡萄1 500千克计算，需要施有机肥3 000～4 500千克，当然是质量好的鸡、羊圈肥，其他质量差的肥料还应多施。

（3）基肥施肥法。通常采用条沟施肥法和穴施法（图6-21）。施肥时不可避免地伤断一些根系，这正好起到修根作用，促使断根截面附近分生若干新生吸收根，促进根系新陈代谢。

①条沟施肥法。在葡萄栽植行两侧或一侧挖施肥沟，将肥料施入沟内，是我国最常见的施肥方法。

通常根据树龄、架式决定施肥沟的位置、深浅和宽窄。

篱架：幼树期间在距葡萄植株基部30～40厘米开挖深30～35厘米、宽30厘米小沟，将已腐熟的有机肥与土壤以1 :（3～4）比例混合拌匀施入；随着树龄加大，施肥沟逐年外移，直至相邻两行的中间为止。

棚架：1～2年生幼树时挖沟施肥方法与篱架相同。进入盛果期后，枝蔓在架面伸展完毕，由于地上、地下部分有相关性，根系也

主要随枝蔓伸展，已经不仅局限在定植沟内，扩大了分布范围，为此，施肥沟应参照葡萄根颈位置逐年外移，而且由于施肥量较大，深度、宽度等相对也要加大。

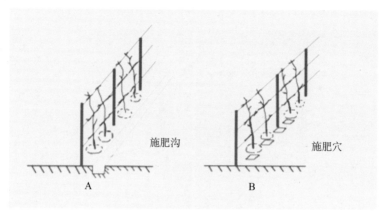

图6-21　葡萄施肥方法
A. 葡萄条沟施肥方法　B. 葡萄穴施肥方法

②穴施法。葡萄施有机肥或有机颗粒肥时采用的一种方法，即采用打孔器或锹、镐等工具，在葡萄架下树冠范围内打（挖）若干个洞穴，将颗粒肥按单位面积施肥量分解到每一穴的颗粒数，施入洞穴内，然后覆土，下次再变换施肥位置（图6-22）。有条件的葡萄园，可采用机器施肥。对于多年生树，施肥沟或施肥穴的位置可以循环重复。

图6-22　机器挖穴（沟）施肥

③撒施法。先将有机肥料直接撒铺于地面后，再通过人工或机械深翻覆盖的施肥方法，适合大架式设计与机械化作业（图6-23）。不深翻覆盖是错误的，在降低肥效的同时，也滋生苍蝇等害虫，对环境不利。

图6-23 葡萄有机肥撒施法

（二）其他肥料的选择与利用

1. 复合生物有机肥 复合生物有机肥又称有机复合肥也是基肥，是以有机物为载体，先将有机原料通过菌种发酵处理，然后按配方要求加入植物所需要的矿质元素，进行搅拌、压形、烘干，制作的成品肥料。便于包装、贮存、运输、经销与使用，可实行机械化施肥，改善农业生产环境，提高肥料利用率。

发达国家已经广泛使用有机复合肥，随着我国国民经济实力的增强，人民生活的改善，对环境、肥效、便捷性等要求的提高，这项技术会逐渐得到普及。

2. 合理选用化肥 化肥是通过化工合成的肥料，具有营养成分高、肥效发挥快速的特点，也称速效肥。其形态上，分成固体和液体两种，固体肥料需要深施，液体肥料需要以水为载体冲施或叶面喷施。

根据葡萄的不同发育阶段，有针对性地选择化肥，能达到事半功倍的效果。但是化肥因其营养含量单一，属于盐类物质，使用后会对葡萄、土壤及环境产生一定的副作用，如葡萄品质下降、土壤板结、通透性下降、污染河水及地下水、污染环境等，不宜做主体肥料使用，应逐渐减少使用次数与数量。

常用化肥特性与使用方法，如表6-2所示。

表6-2　常用化肥特性与使用方法

种类	化肥名称	特性与使用方法
氮肥	尿素	含氮45%～46%，中性，对酸性土壤及碱性土壤都适用。有促进生长的作用。应深施覆土，不宜地表撒施
	硝酸铵	含氮34%～35%，微酸性，对碱性土壤较适宜。施后必须覆盖，减少氮素流失。不要与碱性肥料混用
	硫酸铵	含氮20%～21%，微酸性，适用于碱性或中性土壤。施后必须覆盖，减少氮素挥发
磷肥	过磷酸钙	含有14%～20%的有效磷，微酸性，与有机质基肥同时配合施用效果更好
	磷酸二氢钾	为白色结晶体，含五氧化二磷24%～52%，主要用作叶面肥，使用浓度为0.1%～0.3%
钾肥	硫酸钾	为白色结晶体，含氧化钾48%～52%，微酸性，易溶于水，属速效性肥料。可作为基肥及追肥
	硝酸钾	为白色结晶体，含氧化钾45%～46%，含氮13.5%，中性，易溶于水，是一种氮钾复合肥，肥效高。有助燃性，需注意保存
	磷酸二氢钾	为白色结晶体，含氧化钾27%～34%，用作叶面肥

3.叶面施肥方法　叶面施肥是将矿质肥料或其他液体肥液用水稀释成一定浓度的溶液直接喷洒到叶片上，利用叶片的气孔和角质层将肥液吸收到叶肉组织中，直接参与光合作用生产制造树体营养；但是，叶面施肥仅仅是一种辅助性施肥措施，绝不能代替土壤施肥。

目前，新的叶面肥料种类很多，而且由过去的单一类型演变成复合类型，如叶面宝、喷施宝、PBO、碧护及阿尔比特等，应该在充分了解所选择叶面肥特性的基础上，决定使用时间及使用浓度。

4.冲施肥的科学施用　液体或晶体肥等溶入灌溉用水里直接施入土壤的施肥方法称冲施肥，如钙肥、氨基酸肥等，冲施肥发挥作用迅速快捷，操作省力省工，通常由水肥一体化装置完成（图6-24），也是一种科学的施肥方式；但冲施肥是辅助性施肥方法，绝不能取代传统有机肥或复合生物有机肥的土壤开沟施肥方式，冲施肥每年2～3次为宜；过度使用冲施肥会降低地温，延缓发育；也会使土壤板结，阻碍根系发育，导致树势衰弱；同时还会加大空气湿度，易引起病害发生等。

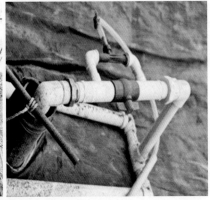

图6-24　简易水肥一体化装置

三、设施葡萄灌溉技术

（一）葡萄对水分的需求特点

水是葡萄生命活动所必需的物质，参与树体内物质代谢和运输。葡萄生长发育需要大量的水分供应，不能满足其所需水分就会影响发芽、新梢生长、开花坐果、果实膨大和浆果品质；可是如水分供应过多（图6-25），土壤水分饱和，将影响根系呼吸等生命活动；降雨过多，空气湿度大，又易诱发病害。所以葡萄建园需要旱能灌、涝能排的条件。

图6-25　灌水过多（行间地面变绿色）

土壤性质不同对干旱反应差异很大，黏质土壤比沙壤土耐干旱，有机质含量高的土壤比贫瘠的土壤对干旱适应性强，可以减少灌水次数。栽培过程中选择抗旱砧木，利用地膜覆盖（或覆草），实现抗旱栽培，是减少灌水次数与灌水量的好办法。

（二）葡萄灌溉关键时期

具备良好的水、肥、气、热协调一致的条件，葡萄才能正常生长和结果。为满足设施葡萄正常生长发育对水的需求，必须通过灌溉来解决。具体而言，葡萄萌芽期需要大量的水分，以满足新梢生长消耗；开花期需求水分较少，但过于干旱易使柱头（花器官）变干，坐果困难；浆果生长期需要较多的水分，浆果进入成熟期，适当干旱反而有利于品质提高，应合理调节灌水（图6-26）。

图6-26　滴灌控制灌水量（根域灌水）

实际操作时，对于成龄树，可参考如下意见。

1. 萌芽水　早春葡萄萌芽期，土壤干燥时，进行小水灌溉，能

图6-27　灌水过多（大水漫灌）

促进萌芽和提高萌芽整齐度。灌水量以水分能渗透到湿土层即可，如果地表下10～20厘米处土层湿润，可暂时不灌水。葡萄萌芽除需要一定的地温与气温外，还需求相对较高的空气湿度，应通过灌水提高设施内空气湿度。但萌芽期大水漫灌（图6-27），易导致地温低、萌芽延迟等。

2.新梢促长水　当新梢已生长到20厘米以上时，进行灌溉，可加速新梢生长，增加有效叶面积，尽早形成营养积累，完善从基部芽眼开始的花芽分化，为下一年丰产奠定基础；新梢生长的同时也促进花序和花蕾的再分化与发育，为开花坐果打好基础。

根据新梢的生长形态，可以判断是否缺水。新梢顶部弯曲，说明水分太大，树体处于徒长状态，应停止灌水；新梢顶部笔直，说明水分适宜，可以暂时不灌水；新梢顶部无生长点，说明水分严重缺乏，需立即灌水（图6-28）。

图6-28　新梢生长状态与灌水
（引自王海波）

3.花期禁水　花期灌水导致降温，影响授粉、受精，常导致坐果不好和小青果增加。对自然坐果有问题的巨峰群品种应严禁花期灌水。花期灌水导致设施内空气湿度提高，也对授粉、受精造成影响。

4.幼果膨大水　坐果后5～10天，是葡萄浆果第一次膨大期，需要水；此时叶片发育进入最佳阶段，光合作用与蒸腾作用需要大量的水来维持，需水进入高峰时期，应及时灌透水。

5.浆果着色水　葡萄浆果进入第二次膨大转色期（图6-29），此时气温尚高，叶片的蒸腾量还大，需水量较大，当浆果进入全面着色期，即将采收就不能再灌水了，需要在前期补水，形成一定的积累态势，为后期需求做准备。因此要抓住浆果着色初期灌一次透水，最好能维持到浆果采收前不再灌水。对于易裂果的品种（如藤稔），此时是裂果易发期，应均匀灌水以避免或减轻裂果发生。

图6-29　葡萄浆果转色期

6.浆果采前限制水　浆果采收前15天内不宜灌水，否则浆果含水量提高，不耐贮藏。品质下降，穗梗、果柄、果皮等脆度增加，个别品种易裂果等。然而，设施内处于封闭的小环境，葡萄水分的来源只由灌溉解决，如果呈现较严重的干旱，易导致叶片黄化、推迟着色及浆果萎缩等，应随时少量补水，维持正常的生命活动。

7.树体恢复水　浆果采收后，为恢复树势，维持叶片的正常代谢，延长叶片光合功能，使树体积累更多的营养，应结合施基肥灌水。北方设施促成栽培与南方避雨栽培，果实往往采收很早，树体恢复期可持续几个月，在如此长的时间内应坚持肥水管理，为下一年丰产奠定基础（图6-30）。

8.抗寒越冬水　在埋土防寒地区，当葡萄落叶修剪后应灌一次透水，然后培土防寒，使土壤在整个冬季不缺水，有利于葡萄安全越冬。

在非埋土防寒地区，秋冬季持续时间长，温度波动较大，土壤也会有大量水分散失，为避免生理干旱的发生，也应适时灌水。大棚与避雨棚设施栽培葡萄，必要时秋季可摘掉农膜以充分接纳雨水（图6-31）。

图6-30　秋冬季灌水

图6-31　秋冬季设施葡萄揭膜接纳雨水

对于新栽植的幼树，前期灌水是为了提高成活率、促进树体生长，后期控水是为了促进新梢木质化、加速枝梢成熟，为树体安全越冬与次年结果奠定基础。对于成龄树，灌水既为了当年结果，也为了树体的健康发育。

（三）设施葡萄灌水量与灌溉技术

葡萄是浅根系果树，也是耐旱的树种，80%～90%的根系集中在20～60厘米表土层，因此，每次灌水量能够达到50～60厘米深，已经能满足树体发育的需求。

设施葡萄处于封闭的环境，雨水被隔绝于设施之外，土壤水分的变化受外界环境影响较小，即使外界降雨，设施内仍需灌溉。表6-3为日本设施葡萄限根栽培不同天气不同生育阶段的日灌水量指标，可供参考。

表6-3　葡萄不同生育阶段的灌水量指标

天气	葡萄不同生育阶段的日灌水量（升／天）			
	催芽—展叶期	展叶—开花	开花结束—着色期	着色—收获期
晴天	1.0	4.0	8.0～12.0	7.0～10.0
雨天	1.0	3.0	3.0	3.0

为了合理地控制葡萄园水分供应，研究人员对灌溉方式不断地进行探索，取得一些成功的经验。目前我国设施葡萄主要的灌溉方式如下：

1. 管灌　通过管道直接把水由水源引到葡萄畦面某一位置，使水从头流淌，或再用管分段灌溉。管灌能部分减少水在输送途中的损耗，尽可能地实现均衡灌溉，容易调节与控制，但不能彻底克服土壤板结和水肥流失。

2. 滴灌或渗灌　在管灌的基础上，把水源直接输送到每株葡萄的根部，用水量更加节省，操作自动化，供水均衡，可控性更强，每次灌水只把葡萄根系范围内土壤湿润（图6-32、图6-33），从本质上克服了土壤板结和水肥流失的缺点，也节约劳动力资源。通过滴灌，葡萄灌水量得到有效控制，蒸发量减小，是设施葡萄栽培最理想的灌溉方式。

3. 微喷灌溉　主管道与支管道同时悬挂在葡萄架上，地面无灌溉管道，便于土壤管理，灌溉水通过微喷头以雨珠方式均匀散落到葡萄架下，而不局限于根际，土壤受水面积大，根据设计可全园得到灌溉（图6-34）。优点是灌溉均匀，能诱导葡萄根系全园均匀分布；缺点是环境湿度易伴随灌溉而加大，为此微喷灌溉后应及时通风排湿。

图6-32　滴灌设备（安装）

图6-33　滴灌（双条带布置设计）

图6-34　微喷全园灌水（日本）
（大架型）

　　在以上3种灌溉方式中，管灌及滴灌适合栽植密度大的小架型设计模式，而微喷灌溉更适合栽植密度稀疏的大架型设计模式。生产中应根据实际情况，将滴灌与微喷也可混合使用，以收到最佳效果。

第七章　设施葡萄环境调控与产期调节

环境条件如光照及温、湿度等对葡萄生长发育有着极其重要的影响，合理调控事关葡萄生产的成败，也关系到葡萄产期，应引起足够的重视。

一、光照对葡萄生长发育的影响与调控

光是太阳的辐射能以电磁波的形式投射到地球表面的辐射线。

葡萄是喜光植物，对光照非常敏感。在葡萄年周期变化过程中，只有休眠期、生长期内的伤流期及萌芽期不直接需要光照，其他各时期都直接需要光照，无光不结果，所以葡萄建园时应选择光照良好的区域或地块，选择合理的设施，并注意改善通风透光条件，合理选定架式、株行距，采用科学的枝梢管理方法等（图7-1）。

图7-1　光照良好的葡萄植株

（一）光照对葡萄生长发育的影响

1. 光照对葡萄营养生长的影响　光照不足时，新梢徒长、纤细、节间变长，同时叶片薄，色泽黄绿；光照严重不足时，叶片甚至早期脱落，枝梢不能充分成熟，植株易遭受冻害，同时植株易患病虫害，甚至整株死亡。

2. 光照对葡萄生殖生长的影响　光照不足（如北方日光温室早促成栽培，南方降雨频繁地区避雨栽培等），首先，花芽分化不好，不能形成花芽；其次，即使已经形成花芽，在光照差的条件下，花序梗细长，花蕾小、色泽黄，花器分化不良，表现开花期延长，落花落果严重等。这样不仅影响当年产量与品质，而且可造成连年减产或绝收。

在同等光照条件下，葡萄品种由于起源不同，花芽分化对光的敏感程度存在很大差异。欧美杂交种比欧亚种花芽分化好；同一种群如欧洲种品种：玫瑰香、87-1、早霞玫瑰及维多利亚等比红地球、京玉及无核白鸡心等花芽分化好（图7-2）。为此各地应根据当地实际光照资源，合理选择品种与栽培方式。

图7-2　同样光照条件下的葡萄花序
（左：欧美杂交种，着色香；右：欧洲种，京玉）

葡萄浆果着色能够应用的有两种光，直接照射到树体上的称直射光，而照射到地面或其他物体上，又反射到树体的称散射光。葡萄不同品种对光的需求不同，有些品种如巨峰、京亚、夏黑、光辉、秋黑等散射光照射着色良好，称为散射光着色品种；而另一些品种如着色香、美人指、玫瑰香等必须直射光照射才能着色，称直射光着色品种。生产管理中需区别对待，采取相应的管理措施，满足其着色需求（图7-3）。

图7-3　光照与葡萄着色（左：巨峰，散射光着色；右：美人指，直射光着色）

（二）光照的合理调控

1. 合理增光　在我国众多葡萄产区中，西部新疆、甘肃、内蒙古、云南元谋等干热旱地区光照资源非常充足，只要肥水条件能满足，葡萄便可生产；东北、华北等半干旱地区光照资源也较好，基本能满足对光的需求，而华南、西南和长江以南大部分地区光照资源不足，葡萄生长发育受到不同程度的限制，应充分认识和评估当地的光照资源，合理加以利用。目前设施葡萄增加光照的方法有：

（1）设施农膜的合理选择与使用。农膜的阻光率达到10% ~ 30%。种类不同，差异较大，目前根据生产反馈，聚烯烃（PO）膜透光性较好，强度也较高。

　　农膜厚度不同对光的阻碍程度也有差别，厚膜比薄膜阻光率大，同种农膜在强度允许的情况下应选择厚度薄的为宜。在我国南方，避雨栽培棚膜厚度规格选择一般是小避雨棚往往采用0.06毫米，大避雨棚往往采用0.08～0.10毫米，大棚往往采用0.10～0.12毫米；在北方，大棚及日光温室选择农膜厚度规格一般是0.10～0.12毫米；南北方连栋大棚选择农膜厚度规格一般是0.12～0.14毫米。

图7-4　小避雨棚膜每年更换

　　伴随农膜老化，透光率逐年下降，因此，提倡每年更换新膜。目前，生产上小避雨棚每年更换新膜（图7-4）；大避雨棚与大棚一般2～3年更换新膜，连栋大棚通常3～5年更换新膜（图7-5）；日光温室一般在严寒冬季开始生产，当时光照资源严重不足，为了增加光照，通常每年更换新膜。

图7-5　大避雨棚膜轮换

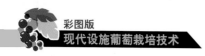

设施表面附着灰尘会对光线穿透能力形成阻碍作用，应及时除尘。夏季雨水冲刷，可以洗涤设施表面的尘埃，但秋冬季降雨非常少，有必要人工及时除尘，提高设施对光的利用率。日光温室表面绑一定数量的布条，依赖风摆布条可达到自然除尘的目的（图7-6）。

图7-6　设施表面除尘（左：大棚表面布满灰尘；右：日光温室表面布条摆动除尘）

（2）反光地膜与反光幕的应用。详见第五章"设施葡萄花果管理"部分。

图7-7　日光温室补光（辽宁朝阳）

（3）设施补光灯的应用。当设施内光照时数小于4小时/天时，最好进行人工补光。在设施葡萄（超）早促成栽培中，由于升温较早，光照往往不足，为此需要（补光灯）补光（图7-7）。目前我国由于用电成本较高，设施葡萄生产补光一直没有得到普及，仅有一定的探索性应用。在日本，葡萄（超）早促成栽培面积较大，主要使用节能的LED灯补光，研究较深入，在其他农作物如花卉及蔬菜等设施栽培中推广也较多。

2. 光照抑制　在葡萄生长发育过程中有时不需光照，需采用人为措施抑制光照。目前抑制光照的方法有：

（1）设施覆盖遮光。葡萄休眠期及萌芽期是不需要光照或不需要强光照的，在日光温室葡萄栽培中采用覆盖保温被等阻光材料在对设施进行保温越冬的同时，有效抑制了光线进入设施，防止设施内温度波动，确保葡萄正常休眠。葡萄萌芽期及伤流期也不需要光照，这阶段也可以通过上述方法减少光线进入设施。

生长期强光照易诱发葡萄日灼，为此适度覆盖遮阳网有一定的预防效果（图7-8）。

夏季光照强，设施内温度高，为了改善工人作业环境，有时需要对设施表面整体覆盖遮阳网遮光。

图7-8　设施覆盖遮光

（左：日光温室冬季遮光休眠；右：避雨棚夏季行间及四周覆盖遮阳网防止日灼）

（2）设施表面喷涂药剂遮光。强光照及高温对葡萄生长发育有不良影响。近年来，有些企业开发出专门的药剂喷涂到设施表面，也有效地抑制了光线进入设施，起到保护作用（图7-9）。该药剂经过几次雨水冲刷后自然脱落，对环境无不良影响。

图7-9　设施表面喷涂遮光剂

二、温度对葡萄生长发育的影响与调控

温度是葡萄生存的主要条件之一，萌芽、生长、开花、结果、落叶及休眠主要受温度影响。春季昼夜平均气温达到10℃左右时，葡萄即开始萌芽生长，而秋季平均气温降到10℃左右时生长结束。

（一）温度对葡萄生长发育的影响

1. 葡萄生长发育对有效积温的需求　将葡萄开始萌芽至浆果完全成熟这期间全部日有效积温相加起来，即为该品种所需求的有效积温。有效积温对葡萄生长发育各阶段都有影响，当有效积温不足时，该阶段发育进程缓慢。如新梢生长期有效积温不足，新梢发育缓慢，迟迟不开花；花期有效积温不足，花期延长；有效积温对浆果的成熟和含糖量也有很大的影响，有效积温不足，浆果成熟推迟，着色慢，含糖量低，酸度高，果皮厚，品质下降。

葡萄生长发育的每个阶段，都是在有效积温的作用下完成的，只有在各阶段有效积温得到充分满足的情况下，才能正常生长发育。目前日光温室及大棚多层膜促早栽培前期日照时间短、温度低、积温不足，葡萄生长发育相对迟缓，浆果成熟期不得不后延，即生育期延长，而一般大棚促成阶段日照时间长、积温充足，葡萄生长发育提早，浆果成熟期提早，生育期缩短。

2. 葡萄生长发育温度"三基点"现象　葡萄在生长期对温度的要求有明确的"三基点"现象。即开始生长的起点温度为10℃左右，最适生长温度为25～30℃，最高极限温度40℃，高于40℃会出现浆果日灼及叶片伤害等，甚至导致树体死亡；温度低于10℃停止生长，低于0℃不同器官不同阶段表现不同程度的冻害，栽培过程中应引起足够重视。如表7-1是葡萄品种玫瑰露设施促早栽培生育障碍界限时间与温度的调查结果，供参考。

表7-1　葡萄品种玫瑰露生育障碍温度界限（节选）

（岛根农试，1975—1979）

生育期	高温界限		低温界限	
	高温（℃）	时间（小时）	低温（℃）	时间（小时）
催芽期	45	5	-5	16
萌芽期	40	5	-5～-3	1
展叶期	40～45	5	-3～-1	1
开花期	45	1～5	-1	0.5
果粒膨大期	40	1小时以下	-3～-1	1
果粒软化期	40	1～5	-3～-1	1
成熟期	40	5	-3～-1	1
落叶期	45	5	-5	16

（1）葡萄生长发育各阶段的合理温度指标。根据调查，葡萄生长发育各阶段的合理温度指标如表7-2所示。

表7-2　葡萄生长发育合理温度指标

树体发育阶段	温度（℃）	
	白天	夜间
萌芽期	15～20	8～10
新梢生长期	20～25	10℃以上
花期	25～28	16～18
浆果发育期	25～30	20
浆果着色成熟期	28～30	15～18

在葡萄避雨栽培与单层膜大棚促早栽培中，温度环境调节幅度较小，且能充分满足树体发育的需求，物候期与露地栽培相近，栽培技术容易掌握。

在日光温室葡萄超早栽培中，往往升温较早（11月末至12月末），冬季严寒，日照时间短，设施保温差，所处环境满足不了萌芽、新梢生长及开花等阶段对温度的需求，导致萌芽推迟，开花推迟，浆果不能按期成熟，葡萄生育期延长等；生产过程浪费大量人力与能源，没有获得预期经济回报，同时易产生休眠障碍。为此，应根据当地气候实际、设施保温能力，再确定合理升温时间开始生产。如在辽宁中部地区，普通日光温室以2月初升温，避开最严寒的冬季，实行普通促早栽培为宜；少部分保温好又能采用热风炉等补温的设施，应根据实际可在12月或1月升温，实现超早栽培。

（2）低温伤害。低温伤害指绝对低温冻害与早晚霜冻害。

①绝对低温冻害。绝对低温冻害发生在严寒季节。葡萄由于发源地的不同，不同器官对低温的适应能力有较大的差别；即使同一器官不同品种差异也较大（表7-3）；其中葡萄根系最不抗寒，但种间差异大。

表7-3　葡萄各器官抗寒能力

葡萄器官		抗寒能力
休眠枝条		-18~-16℃
芽眼		-22~-20℃
根系	欧亚种	-4.5~-4℃
	欧美杂交种	-7~-5℃
	美洲杂交种SO4	-9~-8℃
	美洲杂交种贝达	-12~-11℃

为了提高葡萄根系的抗寒性，我国北方寒冷地区通常选用抗寒砧木嫁接栽培。目前我国培育及从国外引进的抗寒砧木资源，其抗寒顺序为：河岸>贝达>抗砧3号>SO4（5BB、5C与SO4抗寒性基本相同）>抗砧5号；美洲河岸葡萄具有良好的抗寒性，同时又抗根瘤蚜等，值得我国北方寒冷地区开发利用。如图7-10为抗寒砧木贝达露地育苗越冬。

当前，我国设施葡萄促早栽培是主流，早春地温通常较低，采用抗寒砧木后，可抵御早春低温，对实现促早生产有益。

在我国，设施葡萄在寒冷地区栽培面积还较大，低温对设施葡萄生产时时存在威胁，低温伤害一旦发生，其危害非常大，有时甚至毁园绝

图7-10　抗寒砧木贝达露地越冬（-25℃）（沈阳）

产，为此寒冷地区发展设施葡萄需根据实际采取相应的保温防寒措施；同时科学选择生产模式，尽量满足葡萄正常生长及休眠的需求，在无风险、节能、用工量小的时段生产。

在我国设施葡萄促成栽培中，由于开展时间长，对低温伤害的预防有足够的认识。在设施葡萄秋冬季二次果生产及延迟栽培或延迟采收生产中，由于发展时间较短，需要注意低温伤害的发生。即使轻微的低温对葡萄叶片也会造成伤害，如当设施内温度低于10℃时，叶片会变成黄色或其他颜色（图7-11），逐渐失去生理机能，浆果延后发育将受到严重影响。

图7-11　设施葡萄低温伤害

图7-12　叶片早霜冻害

②早霜冻害。早霜冻害往往发生在初秋，当设施内新栽植的幼树尚未充分木质化或成龄树浆果尚未采收前，应密切注意近期是否有霜冻。设施葡萄受到早霜冻害后，轻者绿色组织如叶片、嫩枝变色干枯，重者会造成浆果失去商品价值，幼树局部受害或整株死亡（图7-12、图7-13）。

图7-13　枝条与芽眼早霜冻害

早霜即将来临前，应认真了解天气变化情况，有计划地及时预防霜冻，如采取及时覆盖棚膜、适时关闭通风口等保温措施，防止早霜危害幼树与浆果等。根据实际生产经验，大棚每层膜的保温能力可提高2～3℃，以单层膜大棚为例，当外界气温降到0℃时，设施内气温可降到3℃，当外界气温降到0℃以下时，设施内随时会发生早霜冻害，应采取预防措施；对于多层膜大棚，每层膜保温效果叠加，对于霜冻具有良好的抵御作用。

③晚霜冻害。晚霜冻害往往发生在早春，设施内葡萄植株解除休眠后，其抗寒力即显著降低，萌芽后，抗寒力更差，嫩梢与幼叶不抗寒，在-1℃时即可发生冻害（表7-1，图7-14）。为此设施早升温

应根据当地气候实际及所选择设施的保温能力，适时开展促早生产，规避低温伤害的发生；同时面对突发情况应有预案，根据天气预报，密切注意天气变化，如北方日光温室葡萄早促成生产，树体萌芽后，当面临连续几天降雨（雪）或阴天，或极端寒流光顾时，设施内温度连续走低，在达到极限低温前应选择火炉或电热风等方法升温，发挥临时的补救作用。

图7-14　霜冻状态（新梢晚霜冻害）

（3）高温伤害。葡萄高温伤害往往发生在炎热的季节，高温结合高湿形成日灼，既为害浆果也为害叶片（图7-15），严重时为害新梢，可造成新梢折断，这种高温伤害易被栽培者认识。克服其危害的办法是注意设施通风，尤其设施灌水后或雨后设施内空气湿度大时，如果空气对流差，若遇到高温，易发生日灼。日灼病灶不扩散，与真菌病害是有区别的。

早春，树体萌芽前后，设施葡萄促早栽培有时也形成高温伤害，尤其易在多层膜覆盖栽培模式中发生（图7-16）。由于该阶段树体无叶片，蒸腾降温能力弱，多层膜覆盖下，树体周边温度偶然瞬间上升到40℃，即使持续时间很短，若忽视通风管理，也会对树体直接造成高温伤害，轻者芽眼烧伤，萌芽不齐，重者枝条枯死，严重的毁园。此时外界气温较低，栽培者对通风容易忽视，灾害会随时发生。高温伤害没有明显症状，栽培者往往只发现萌芽差或树体死亡，但不知其原因。早春高温伤害往往比夏季更严重。

图7-15　高温伤害（左：叶片日灼；中：浆果日灼前期；右：浆果日灼后期）

图7-16　设施内枝蔓起小拱（左：大棚，辽宁沈阳；右：日光温室，山东济宁）

　　3.昼夜温差与葡萄着色成熟　足够的昼夜温差对葡萄着色成熟有益。葡萄成熟期环境温度白天28～32℃，夜间15～20℃，形成10℃左右温差，浆果含糖量高，成熟转色快。葡萄品种不同，浆果着色对温差需求有差异。如在四川与江西等湿热地区，葡萄品种光辉比夏黑及巨峰更易着色，对温差要求小，建园设计时应考虑各品种的这一习性。

　　通过设施生产葡萄，产期得到有效调节，浆果成熟期应避开温差小的季节。如在东北地区，葡萄品种着色香通过日光温室栽培，浆果4～6月上市，此时温差大，容易着色，所以推广较快。近年来发现凡是避开7～9月着色上市的设施栽培模式，如日光温室促成栽

培（浆果4～6月上市）、大棚多层膜促成栽培（浆果6月上市）、日
光温室二次果生产（浆果12月上市），浆果着色都良好；而普通单层
膜促成栽培（浆果7～8月上市）及露地栽培（浆果8～9月上市）
浆果着色都不良，值得借鉴（图7-17）。

图7-17　着色香着色状态
（左：日光温室早促成栽培；中：大棚多层膜促成栽培；右：日光温室二次果生产）

近年来，我国南方设施葡萄发展迅速，成为我国葡萄新产区，
但成熟期主要集中在温差小的高温时节。巨峰、夏黑、藤稔、巨玫
瑰等黑色品种表现出一定的赤熟现象，已经引起重视；为此，在
南方葡萄产区，绿色品种如维多利亚、醉金香及阳光玫瑰等得到稳
定发展，形成了较具规模的产区，成为一些地方主栽品种。广西露
地及避雨栽培冬果（二次果）生产，近年得到快速发展，浆果在
11～12月成熟上市，此时昼夜温差大，降雨少，光照足，气候环境
适宜葡萄着色成熟，可见广西葡萄冬果生产空间巨大。分析广西葡
萄冬果生产气候，我国南方与广西气候类似的省份很多，即使有些
地区无霜期略短，借助大棚等设施，利用生育期较短的品种，生产
冬果也是有可能的。结合北方设施葡萄生产，我国鲜食葡萄周年供
应完全可以自主实现。

　　4.低温与葡萄休眠　葡萄休眠期需要较低的温度环境，一般用
需冷量来表示。根据研究，葡萄对低温环境的需求，以恒定的温度
为宜，温度波动对休眠不利（详见第八章相关内容）。

（二）温度的合理调控

1.选择合理设施设备保温增温　设施的保温能力与设施结构密切相关，设施选择应满足生产实际。

（1）墙体及覆盖物保温。日光温室葡萄促成栽培，要求设施具有良好的保温效果。设施墙体及后坡厚度，覆盖保温材料等发挥决定性作用。土堆墙体及多层保温材料覆盖保温效果好（详见第一章设施部分）。

（2）多层膜覆盖及保温幕保温。日光温室与大棚通过多层膜覆盖亦发挥良好的保温效果，每增加1层膜可提高2～3℃。大棚或连栋大棚采用2～5层膜覆盖，使葡萄提早成熟30～50天（图7-18、图7-19）。目前生产中除了利用塑料膜多层保温外，专业的保温幕也得到利用，其保温效果更好（图7-20）。

图7-18　多层膜覆盖保温（左：日光温室2层膜保温；右：大棚3层膜保温）

图7-19　连栋大棚2层膜保温　　　　图7-20　大棚保温幕保温

避雨棚封闭管理可提高保温效果。如浙江嘉兴十八里堡葡萄研究所等单位，率先对葡萄避雨棚开展封闭式管理，保温效果提高，促进葡萄提早成熟上市，实现良好的经济效益，目前该技术在南方多地推广。

（3）热源利用。热源主要包括地热资源、太阳能、工矿企业余热、空调、热风炉、秸秆反应堆等（图7-21）。目前在我国设施葡萄促早生产中，为节能对热源利用的不多，主要依赖设施覆盖等保温；日本与我国不同，在设施葡萄促早生产中，设施不依赖覆盖保温材料，而依赖热源，如热风炉、温泉水、太阳能等热循环（图7-22）。

图7-21　日光温室热风炉加热循环　　图7-22　双层膜大棚燃油炉热循环
　　　　　（辽宁沈阳）　　　　　　　　　　　（日本）

2. 合理降温

（1）设施通风口合理开闭调温。设施通风口主要是用来通风降温的，伴随通风，热量、水蒸气也得到散失，设施通风系统实际也发挥调控设施温、湿度的作用，为此设施通风系统应设计合理，运作高效，目前设施葡萄生产通风的管理方法逐步由手工向半自动或全自动方向过渡（详见本书第九章"设施葡萄生产与管理机械设备"部分）。

（2）设施覆盖降温。主要应用在日光温室葡萄促早栽培休眠过程中。

（3）设施空调降温。主要应用在日光温室葡萄促早栽培休眠诱导过程中。

三、湿度对葡萄生长发育的影响与调控

葡萄是喜干热的树种，因此世界著名葡萄产区都分布在夏季干热地区，如地中海沿岸等。开展设施葡萄栽培，除了发挥设施调节葡萄产期的作用外，还在于为葡萄生长发育营造一个湿度较小的干热环境（图7-23）。

图7-23　设施内葡萄在干热环境中正常生长发育（辽宁沈阳）

如沈阳永乐日光温室无核白鸡心葡萄生产基地，处于辽宁中部的辽河流域，地下水位高，年降水量500～700毫米，通过设施严格控水，20余年实现丰产稳产。做法是：首先，减少灌水量与浇水次数，且灌水后立即通风排湿；其次，严格管控设施通风口，杜绝雨水侵入设施，尽量保持设施内土壤及空气处于干燥的状态，尽管设施内温度较高，还是能安全生产。

（一）湿度对葡萄生长发育的影响

葡萄只有在萌芽期需要较大的湿度，其他时间湿度过大，葡萄易感染多种病害，同时也易发生其他生理性病害，如裂果、日灼病等，因此葡萄生长期应尽量降低设施内湿度。

（二）葡萄生长发育的湿度调控指标

葡萄生长发育各阶段对环境湿度有着不同的要求，我们应采取积极有效措施，对湿度进行合理调控，满足其各阶段的需求。湿度调控具体指标参见表7-4。

表7-4　湿度控制指标

树体发育阶段	空气相对湿度		
催芽期	90%	前期	
		后期	
新梢生长期	60%左右		
花期	50%左右		
浆果发育期	60%～70%		
浆果着色成熟期	50%～60%		

（三）湿度的合理调控

1. 通过控制灌水调节湿度　葡萄生长发育不能离开水，但水分不可过大，需要合理控制，为此灌水方法宜采用滴灌等节水措施，避免大水漫灌。

2. 通过通风调节湿度　首先，在葡萄整个生长期内，应杜绝雨水通过通风口等进入设施，避免设施内湿度过大（图7-24、图7-25）；其次，伴随生产管理，每次灌水后应及时排风降低设施内湿度。

图7-24　大棚卷膜通风
（左：单体大棚侧面通风，辽宁铁岭；右：连栋大棚顶部及侧面通风，辽宁沈阳）

图7-25 日光温室与连栋大棚顶部卷膜通风（左：辽宁沈阳；右：广西南宁）

四、设施葡萄产期调节

（一）我国葡萄产期调节

近20年来，我国设施葡萄产业得到空前发展，产期得到较大幅度调节，再结合我国南北气候的巨大差异，一年四季都可有鲜食葡萄上市，伴随该产业的逐渐完善，将形成我国独特的鲜食葡萄产业供应链。

1. 日光温室葡萄产期调节　日光温室保温效果好，是我国葡萄产期调节的基础性设施。主要应用（超）早促成、普通促成、延迟栽培及延迟采收等方面，通过日光温室与其他设施，葡萄基本可实现周年供应。

目前日光温室葡萄促成栽培，以（超）早促成、普通促成为主。早期市场价格好，由于面积尚小等原因，基本供不应求；延迟栽培及延迟采收生产刚刚起步，但发展潜力很大，特别是日光温室延迟栽培，将带动北方秋冬季葡萄产业的大发展（表7-5）。

表7-5　日光温室葡萄产期调节表（沈阳，2 015—2 016）

升温时间		上市时间												
		上一一年（月）									次年（月）		
		4	5	6	7	8	9	10	11	12	1	2	3
（超）早促成	11~12月	●	●	●									
普通促成	1~3月		●	●	●								

（续）

升温时间		上市时间											
		上一年（月）									次年（月）		
		4	5	6	7	8	9	10	11	12	1	2	3
延迟采收	4月初							●	●	●	●		
二次果生产	4月初								●	●	●		

　　备注："●"代表葡萄上市，下文同。

　　日光温室开展早促成与普通促成栽培（图7-26），要在寒冷季节开始生产；从设施保温方面分析，需要保温效果好的设施类型，从地区温度环境适应性方面分析，在冷凉地区比较寒冷地区表现良好。而日光温室延迟栽培及延迟采收，需要的设施保温性可略差些，地域也可以略寒冷一些。目前，日光温室葡萄促成栽培在我国华北及东北中南部等冷凉地区面积较大；日光温室延迟栽培，在西北较寒冷地区面积较大，各地应充分利用当地的资源优势（图7-27）。

　　2.大棚葡萄产期调节　　大棚具有封闭性，也有一定的保温效果，能够起到调节葡萄产期的作用，但对葡萄产期调节幅度较小（表7-6）。生产中，大棚比普通避雨棚更具优势，南北方都发展很快。

图7-26　日光温室葡萄普通促成栽培（6月）
（左：着色香；右：金手指）

图7-27　日光温室葡萄冬季生产

（左：红地球延迟栽培，1月下旬，甘肃；右：着色香二次果生产，12月中旬，
辽宁沈阳）

目前大棚主要用于葡萄促成栽培，一般可使浆果提早20～50天上市。为了提高保温效果，在设施内部增加2层或多层膜保温（详见第一章设施类型部分），可使葡萄进一步提早成熟上市。

表7-6　大棚葡萄产期调节表

（沈阳，2 015—2 016）

大棚类型与升温时间		上市时间										
		4	5	6	7	8	9	10	11	12	1	2	3
多层膜大棚	2～3月升温			●	●			●	●	●			
单层膜大棚	3～4月升温				●	●	●						
露地					●	●							

在我国南方（如广西南宁、云南元谋等地），大棚栽培早、中熟品种可实行两季生产，一茬果6月上市，二次果可推迟到10～12月采收。北方大棚通过多层膜覆盖，二次果生产也取得良好效果。同时，我国有许多地区对大棚设施进一步改进，如辽宁南部的熊岳地区，大棚设施覆盖保温材料，如草帘、保温被等，对葡萄产期调整幅度进一步加大；浙江嘉兴地区、云南元谋等地将避雨棚封闭式管理，发挥类似大棚的保温效果，促进葡萄提早上市，创造出良好的

经济效益。

葡萄大棚栽培在发挥促成作用的同时，还发挥定向栽培的作用。所谓定向栽培，即按照人们预定时间使葡萄在适时采收上市的栽培模式（图7-28、图7-29）。

图7-28 大棚多层膜促成栽培（沈阳）
（6月，京亚）

图7-29 单层膜大棚二次果（沈阳）
（10月，长青玫瑰）

通常情况下，葡萄成熟后可在树上挂果1～3个月，发挥继续成熟提高品质、活体贮藏保鲜、延迟采收的作用（图7-30）。目前在我国，葡萄可延迟采收的这一特性并没有得到有效利用，浆果采收上市过早、品质较低是我国设施葡萄乃至露地葡萄没有市场竞争力的主要原因之一；而在日本，葡萄尽量延迟到完熟状态采收，达到了最佳品质。

图7-30 葡萄延迟采收（陕西西安霸苑葡萄）

在我国，中秋节是葡萄销售的最旺季，市场上葡萄销售量是平时的几十倍，产品根据质量、价格也显著拉开，为此高档葡萄生产已经悄然兴起，所选择的品种有玫瑰香、意大利、醉金香、长青玫瑰、巨玫瑰、阳光玫瑰及状元红等，在科学控产的前提下，尽量完熟采收，确保浆果最理想的品质，结合观光采摘、网络等直销模式，实现了良好的经济效益与社会效益。

3. 我国南方冬季葡萄避雨生产　我国地域辽阔，气候类型多样，南方部分地区冬季可以生产葡萄。近年来广西、云南部分地区利用大棚及避雨棚，开展巨峰、红地球、夏黑等葡萄品种一次果及二次果生产，浆果在冬季或早春上市，弥补我国葡萄市场空缺（表7-7）。

表7-7　南方冬春季葡萄产期调节表（2 015—2 016）

（供参考）

地　区	上市时间（月）											
	4	5	6	7	8	9	10	11	12	1	2	3
广西			●	●				●	●	●		
云南	●	●	●					●	●	●	●	

我国南方冬季葡萄生产意义非常重大。首先，能逐渐减少或取代进口，节省外汇；其次，我国自己生产的葡萄品种，如巨峰等更适合国人口味，这是目前国外进口葡萄品种无法比拟的。随着我国冷链运输业的发展及人民生活水平的提高，南方冬季新鲜葡萄将逐渐满足我国秋冬市场需求。

近20年来，我国海南省是全国人民冬季的"菜园子"，其发展经验在葡萄上值得参考。

（二）当前我国设施葡萄产期调节值得重视的问题

我国幅员辽阔，各地气候环境差异较大，葡萄通过设施调节可实现周年供应。但盲目追求早上市是目前南北葡萄生产的共同误区，为葡萄生产带来巨大隐患。

为此应注意如下问题：

1. 根据葡萄休眠需冷量确定浆果上市时间　葡萄正常的生长发育是需要休眠过程的，如果休眠不满足，树体无法正常发育，即无法正常结实。目前我国北方（辽宁）日光温室及南方（云南）大棚超早栽培时都存在严重的休眠不足问题，整栋设施或全园绝产的情况频繁发生，大家应重视这一问题。

2. 根据设施保温能力确定浆果上市时间　设施保温能力不够时，不宜盲目促早生产，否则易受到低温冻害的威胁。北方日光温室及大棚、南方大棚近年来都出现过严重的冻害，部分地区即使没有发生低温冻害，但设施温度长期过低，影响萌芽及开花等进程，白白浪费资源。

3. 根据市场需求确定浆果上市时间　目前决定我国市场葡萄价格的最主要因素还是供应量多寡。早期（每年12月到次年4月）供应量少，葡萄市场价格高，伴随着更多的种植者追寻这个市场，葡萄供应越来越多，即我国各阶段葡萄市场都将趋于饱和，到那时葡萄品质因素必将参与决定市场价格，最终变成决定葡萄价格的主要因素。为此，要求葡萄生产者应在地理环境、设施环境充分满足的前提下生产最优质的葡萄。葡萄生产最终走向区域化，即形成不同时间、不同产地葡萄主导不同阶段市场的稳定局面（图7-31）。

图7-31　不同产地葡萄（左：云南，夏黑；右：辽宁沈阳，光辉）

（三）日本设施葡萄产期调节

日本葡萄促早生产主要通过玻璃温室与大棚栽培，设施表面不覆盖其他保温材料保温，为了实现超早促成生产及早促成生产，一般采用双层膜覆盖，再通过热风炉增温等实现，操作简便。

设施通过提早升温，每年5月鲜食葡萄开始供应，早上市价格高，但生产风险较大，采用超早促成模式生产的农户非常少。为此，日本设施葡萄通常还是以开展促早或普通促早栽培为主，浆果6～8月上市，单层膜或双层膜覆盖模式受到农户欢迎，生产没有风险，设施投资小，产值也较高。露地葡萄保持较小的面积，8月中旬至10月中旬集中上市。

日本市场每年5～11月都有本国生产的鲜食葡萄供应（表7-8）。

表7-8　日本葡萄产期调节表

设施类型与升温时间		上市时间（月）										
		4	5	6	7	8	9	10	11	12	1	2	3
超早期加温	12月升温		●										
早期加温	1月升温			●	●								
普通加温	2月升温				●	●							
半加温或无加温	3月升温					●	●						
露地或避雨棚							●	●	●				

日本秋冬季市场的葡萄供应部分依赖于延迟采收而不是贮藏，即使露地栽培的巨峰，有一部分也能推迟到11月采收，部分阳光玫瑰甚至可推迟到12月初采收，鲜食葡萄市场销售期延长2个月以上，有的农户专门生产葡萄在这阶段时间上市，市场很稳定；11月末开始，从南半球进口的葡萄开始上市，品种如无核白、秋黑及红地球等，弥补本国市场空缺，价格低于日本国产新鲜葡萄，大约是日本国产新鲜葡萄的1/3。

五、日光温室葡萄促早栽培温度调控技术

(一)升温与上市时间的合理确定

1.根据地域及设施保温能力确定升温时间与浆果上市时间 日光温室葡萄生产需要在严寒的冬季进行,这阶段日照时间短、环境温度低,是葡萄生长发育的不利因素;在设施保温能力方面,如土堆式、多层覆盖等日光温室,保温效果好,可适时早升温;而砖混墙体、单层覆盖等日光温室,保温效果差,需晚升温。

不同地域早春日照长短及环境温度差异非常大,纬度越高,冬季温度越低,越寒冷,升温与浆果上市时间应越晚,以勿违背该规律为宜。

如在沈阳地区,日光温室生产葡萄有30余年的历史,形成了一定的促早栽培模式,如表7-9,各地可根据实际参考借鉴。

表7-9 日光温室促早栽培模式表 (辽宁中部)

(供参考)

设施类型	模式	休眠期	升温时间	上市时间	休眠障碍
Ⅰ	A	10月中旬至11月末	11月末至12月末	4月初至5月初	有
Ⅱ	B	10月中旬至12月末	12月末至翌年1月末	4月中旬至5月中旬	无
Ⅲ	C	10月中旬至翌年2月中旬	2月初至3月末	5月中旬至6月中旬	无

注:1.设施类型

Ⅰ:土堆式墙体、多层覆盖,有升温设备。

Ⅱ:土堆式墙体或三七以上砖混墙体、多层覆盖,无升温设备。

Ⅲ:三七以下砖混墙体、单层覆盖,无升温设备。

2.栽培模式

A:超早促成;B:早促成;C:普通促成。

(1)超早促成栽培。

设施要求:土堆式墙体、多层覆盖,有升温设备,保温良好,设施内1月最低温度大于10℃。

升温时间：11月末至12月末。

休眠方法：前期（10月初至11月中旬）开展预休眠引导处理，即每天白天覆盖保温物，晚上揭开，且通风降温，尽量使树体处于低温及黑暗的环境，后期（11月中旬开始）设施一直覆盖降温。预休眠引导处理阶段，为了加速满足葡萄需冷量，期间也可采用空调辅助降温（图7-32），效果很好。

图7-32　休眠阶段空调降温（辽宁朝阳）

设施葡萄超早栽培休眠时间较短，休眠往往不充分，升温阶段必须使用石灰氮等破眠剂打破休眠，但有一定的休眠障碍现象。为了克服休眠障碍，浆果采收后每年应采取更新修剪（详见第五章"结果树夏季枝梢管理方法"部分），恢复树势。

品种选择：休眠期短的品种如着色香等，休眠基本得到满足，对藤稔等休眠期长的品种，休眠远没有满足，升温期还需顺延，否则将产生严重的休眠障碍。

（2）早促成栽培。

设施要求：土堆式墙体或三七以上砖混墙体、多层覆盖，无升温设备。设施内1月最低温度大于10℃。

升温时间：12月末至翌年1月末。

休眠方法：从10月中旬至11月初始开展休眠处理，即设施覆盖保温物，尽量使树体处于低温及黑暗的环境，一直到升温。该休

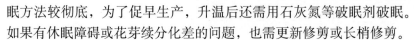

眠方法较彻底，为了促早生产，升温后还需用石灰氮等破眠剂破眠。如果有休眠障碍或花芽续分化差的问题，也需更新修剪或长梢修剪。

（3）普通促成栽培。

设施要求：三七以下砖混墙体、单层覆盖，无升温设备。设施内2月最低温度大于10℃。

升温时间：1月末至2月末。具体根据设施保温能力及地域寒冷程度而定。

休眠方法：从10月中旬开始休眠，一直到升温。该休眠方法彻底，无休眠障碍，升温后不需石灰氮等破眠剂破眠。通常花芽续分化良好，不需更新修剪，但个别品种花芽续分化有问题时，还需更新修剪或长梢修剪。

目前，我国日光温室葡萄往往升温过早，前期常常在恶劣环境下生产，导致树体发育不健康，浆果品质不高；同时升温时间集中，导致浆果集中上市，对此，栽培者需有足够的认识，勿盲目跟风。

2.品种的休眠期长短与升温时间　在休眠尚未完全结束阶段（在沈阳地区12月），休眠期短的品种，如着色香、维多利亚、87-1、无核白鸡心、香妃等，可略早升温，即11月末至12月末；而休眠期长的品种，如京亚、夏黑、藤稔等，可略晚升温，即12月末以后。

（二）早升温的副作用

1.没有解除休眠阶段升温　日光温室葡萄在没有解除休眠阶段升温，容易产生休眠障碍，严重影响浆果产量与品质。目前，我国辽宁中南部地区，日光温室葡萄生产普遍升温过早，休眠障碍现象频发，经济效益不高，需引起重视。

2.休眠解除但设施升温后温度过低　葡萄已经解除休眠，但设施保温差，升温后设施温度过低（晚间常出现低于10℃的低温），葡萄生育期要明显延后，如萌芽推迟、开花推迟、浆果成熟推迟、没有达到预期的促早效果等，相当于早升温没有发挥作用，浪费了资源。实际上这种早升温对树体发育还很不利，此时温度低、光照不足，易导致当年花芽续分化差、花序变小、质量差等，严重的可导致次年无花序或花序小。

（三）升温阶段的温度管理方法

萌芽期，实行阶段式缓慢升温（图7-33），目的是提高地温、控制气温，保证树体地上、地下协调发育，达到萌芽整齐、树体发育健壮的目的。日光温室一般升温开始10天内设施要实行低温管理，往往用揭盖草帘等调控温度，前5天揭1/3，后5天揭2/3，10天后可以全揭开，同时通过设施顶部放风口调节温度，温度白天控制在15～20℃，夜间温度8～10℃，10天以后逐渐提高温度，到15天以后，温度白天控制在20～25℃，夜间保持在10～15℃为宜。

图7-33　阶段式升温

第八章 设施葡萄休眠期管理

我国地域辽阔，气候差异大。葡萄在不同区域，其休眠越冬表现出很大差异，尤其通过设施栽培后，设施内环境条件的改变，休眠期管理也出现了新的技术问题。

一、葡萄休眠特性

葡萄休眠是对环境的一种适应性表现。葡萄植株经过夏季的营养积累与秋季陆续低温锻炼之后，便进入越冬休眠状态。葡萄植株器官不同，越冬休眠表现有差异，枝芽一般休眠深，根系没有休眠。由于枝芽具有休眠的特性，对外界环境适应性强，而根系没有休眠特性，对外界环境适应性也差，应加强对根系的越冬保护。

根据日本加藤彰宏等开展加温和石灰氮处理打破葡萄休眠试验，结果如图8-1所示，说明了葡萄休眠的进程及打破休眠的有效时间与方法。根据升温和石灰氮处理时间到萌芽时间的长短，体现出所处休眠的深度水平，表明葡萄8月末开始浅休眠，从9月开始进入深度休眠阶段，即不可逆转，其中10月初达到峰值（最深），11月初休眠显著变浅，可以通过人工方式打破，12月末休眠基本结束，以后升温即可顺利打破休眠。11～12月，葡萄植株虽然还处于休眠阶段，但通过石灰氮等处理能加快打破休眠进程。

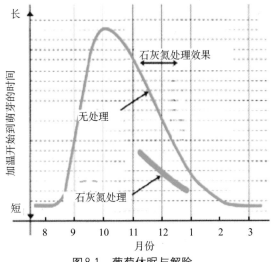

图8-1　葡萄休眠与解除

休眠是植物在长期进化过程中形成的一种抵御不良环境的自我保护方式。葡萄的休眠是需冷量的积累，环境温度低，休眠期短，温度高，休眠期延长。葡萄的休眠分为自然休眠（生理性休眠，时间在12月下旬以前）和被迫休眠（时间在12月下旬以后）两个阶段。葡萄12月下旬结束自然休眠，当环境温度适宜即可发芽，如果温度不适仍继续进行休眠即被迫休眠，在北方寒冷地区这种休眠可持续到次年4月（沈阳地区）。

二、设施葡萄休眠与越冬防寒

（一）南方葡萄休眠与越冬

南方大部分地区葡萄休眠是自然休眠，个别地区还有一定的被迫休眠。

1. 休眠特点　南方冬季气温高，且休眠期昼夜温度变化一直处于波动状态，对葡萄休眠不利。其中，长江流域以南地区，如云南元谋、建水等地，冬季气温相对较高，葡萄需冷量往往不够，促早生产时，葡萄休眠常常不彻底，为了实现促早栽培，也需要化学方法打破休眠；而长江以北到黄河流域，冬季气温较低，葡萄休眠一般较彻底（图8-2）。各地应根据当地设施内温度变化实际，认识所栽培葡萄的休眠状况，主动采取应对措施。

图8-2　休眠越冬（左：广西桂林；右：上海）

2.越冬方法　在南方，由于冬季气温较高，不必对葡萄枝蔓进行防寒。冬季，封闭式大棚或避雨棚应通风降温（图8-3），为植株营造较低的温度环境，满足葡萄休眠的需求。

冬季，摘掉避雨棚膜是非常好的做法，能有效降温，对葡萄休

图8-3　休眠越冬（左：设施通风；右：设施撤掉农膜）

眠有利，同时接受雨水可预防土壤干燥，疏松土壤，减轻土壤盐渍化等（图8-3）。

（二）北方葡萄休眠与越冬防寒

北方指黄河以北广大地区。由于冬季寒冷程度不同，设施保温能力不同，葡萄休眠方法不同，防寒方式有很大的差异。

1.休眠特点　北方冬季漫长且寒冷，设施葡萄不仅有彻底而集中的自然休眠，甚至还有被迫休眠，正常情况下，设施葡萄休眠充足。

（1）避雨棚与大棚葡萄休眠。避雨棚是开放式设施，依赖自然低温，葡萄休眠能够满足。

大棚具有封闭性，有一定的保温能力，依赖自然低温，葡萄休眠可得到满足。结合冬季葡萄防寒，应对设施开展合理化管理，保证树体充分休眠。

（2）日光温室葡萄休眠。日光温室保温性好，设施内温度高，葡萄休眠易受到较大的影响。

在升温不过早的情况下，依赖自然低温，葡萄休眠也可得到满足，生产中无休眠障碍风险；当开展超早栽培，升温过早时，往往休眠没有得到满足，会产生较为严重的休眠障碍现象。

①日光温室葡萄不同栽培模式休眠特点。北方日光温室葡萄为了实现超早促成栽培，往往需要在11月末至12月末之间升温，而在这阶段自然休眠没有结束（图8-1），需要人为的生理化学方法打破休眠，同时葡萄休眠不足会发生休眠障碍，影响葡萄产量与品质，严重时甚至绝产，这种风险应充分认识。

北方日光温室开展早促成、普通促成及大棚促成栽培，设施需要在12月末之后升温，葡萄自然休眠已经充分满足，甚至还有一段低温被迫休眠时间，可随时通过设施升温打破休眠，能够无风险地开展促早栽培或普通促早栽培。沈阳地区各类设施根据栽培方式的不同，葡萄具体休眠时间如表8-1所示，供参考。

表8-1　不同栽培模式休眠时间表（辽宁沈阳地区）

栽培模式	休眠期	休眠期（天）
日光温室超早促成栽培	10月初至11月末	>50
日光温室早促成栽培	10月中旬至12月末	>75
日光温室普通促成栽培	10月中旬至翌年2月中旬	>105
多层膜大棚促成栽培	10月中旬至翌年2月中旬	>105

②日光温室葡萄休眠的人工诱导。日光温室葡萄为了开展超早促成栽培，在休眠不足的情况下，为了减轻休眠障碍，可以人工增加冷量，即人工诱导休眠（详见第七章"设施葡萄环境调控与产期调节"部分），满足葡萄正常休眠的需求。

人工诱导休眠阶段，葡萄叶片还没有自然脱落，不必强行人工除叶，需带叶休眠；伴随休眠进行，随着设施内温度降低，叶片自然枯黄，使营养进一步回流，待升温时再修剪（图8-4）。

图8-4　葡萄带叶休眠越冬实物图（左：直立；右：平放）

2.防寒方法　我国黄河以南原来露地栽培葡萄不必下架防寒的地区，通过避雨及大棚栽培后仍然不必采取防寒措施，而在黄河以北传统露地栽培需要防寒的葡萄产区，通过日光温室及大棚等设施保温，可以简化防寒措施步骤，甚至不必下架防寒，这也是北方发

展设施葡萄的新优势所在。

（1）避雨棚葡萄防寒。避雨棚是开放式设施，防寒方法应与当地露地葡萄一致。

我国黄河流域是葡萄是否防寒的分界线，黄河以南地区葡萄避雨栽培或露地栽培仍不必防寒（图8-5）；而黄河故道地区，应根据各地冬季低温实际，可以不防寒或只需采取适度措施简易防寒。葡萄根系无休眠，抗寒力差，为此，应加强对葡萄根系的御寒保护；成龄葡萄树根系深，抗寒性强，而幼树根系浅，抗寒性差，为此幼树阶段葡萄根系需加强保护。为此在黄河故道地区，除了选择抗寒砧木嫁接栽培外，树体根部还应培土堆御寒，树干应涂白或绑草把等御寒（图8-6）。而黄河以北广大寒冷地区，葡萄避雨栽培必须下架防寒。

图8-5 黄河以南露地葡萄越冬

图8-6 避雨棚葡萄简易越冬防寒
（左：根颈培土；中：树干绑草把；右：树干涂白）

（2）大棚葡萄防寒。大棚有一定的保温效果，葡萄防寒方法逐渐向简化与省力方向过渡。各地由于气候的差异，防寒方法差异较大。

在我国黄河流域，如郑州，大棚栽培葡萄不必防寒，但冬季设施需保持通风，防止高温对植株造成伤害。

在我国黄河以北（含黄河故道地区）到华北中南部，冬季温度较高，如河北饶阳、山东日照等地区，即传统露地葡萄还需简易埋土防寒地区，葡萄通过大棚栽培，不下架防寒也可安全越冬。做法是在严寒的季节（1月初至2月初），当地低温连续低于-10℃时（气温），设施应晚间封闭，白天适时通风，保持土壤不冻结或轻微冻结，维持树体根系正常吸水，满足植株蒸腾的需求，防止枝条抽干。究竟这种防寒方法北线具体在哪里，需要根据当地气候实际与设施保温能力决定，应在小规模实验的基础上进行推广。

在寒冷地区（12月至次年2月经常出现-20℃的低温，如沈阳地区），大棚葡萄常常采用下列方法防寒，供参考。

①传统的树体下架防寒方式

a.埋土防寒。做法是：11月初树体修剪下架后，首先在葡萄藤蔓上覆盖一层旧塑料（编织物等）保湿，然后埋土保温（兼保湿），对树体防寒；一般情况下抗寒砧木贝达嫁接苗埋土防寒的规格为15～20厘米为宜（图8-7）。

图8-7 埋土防寒（沈阳）

设施的管理方法：11月中旬至翌年2月末，设施封闭保温，其他时间设施需适时通风降温。该防寒方法在沈阳以北严寒地区应用较广泛。

b.覆盖针刺棉（保温被）防寒。做法是：11月初树体修剪下架后，首先在葡萄藤蔓上覆盖一层旧塑料保湿，而后在塑料上覆盖一层针刺棉（保温被）保温（图8-8），对树体防寒。

设施的管理方法：11月中旬至翌年3月中旬，设施封闭保温，其他时间设施需适时通风降温。该防寒方法在东北严寒地区都适用，但目前沈阳以南应用较广泛。

图8-8　埋土覆盖针刺棉防寒（左：大棚；右：连栋大棚；沈阳）

c.起单拱表面覆盖针刺棉（保温被）防寒。做法是：11月初树体修剪下架后，首先在葡萄藤蔓上起拱覆盖一层旧塑料保湿，而后在塑料表面覆盖一层针刺棉（保温被）保温（图8-9）。直接对小拱棚设施防寒，间接对树体防寒。

设施的管理方法：11月末至翌年2月末，设施封闭保温，其他时间设施需适时通风降温。该防寒方法在辽宁中部应用较多。

在葡萄藤蔓上起拱覆盖防寒，主要是为了早春再利用小拱增温，其次是越冬防寒，发挥"一石二鸟"的作用。为了保温，实际上这种小拱可以覆2～3层，在沈阳地区观察发现，单独依赖设施内部小拱2～3层塑料与大棚保温，葡萄植株可以越冬，但休眠不彻底，升温后萌芽晚，萌芽不整齐，为此还需要在小拱表面覆盖黑色织物，防止树体昼夜温度剧变，满足树体休眠需求。

图8-9　起单拱表面覆盖针刺棉（保温被）防寒（辽宁辽阳）

②设施表面覆盖（树体不下架）防寒方式

a.单层膜大棚表面覆盖防寒。做法是：树体不修剪、不下架，11月中旬设施严格封闭后，在设施表面覆盖黑塑料（厚度0.14毫米的黑白双面塑料）、针刺棉或保温被等保温材料（图8-10），即对设施防寒，次年3月中下旬前后解除覆盖物。这种防寒方法，冬季设施内低温要求要高于-15℃。在沈阳以南气温较高地区，这种防寒方法值得推广。

图8-10　大棚防寒实物图（左：覆盖黑塑料防寒；右：覆盖针刺棉防寒）

作者通过调查发现，大棚设施表面覆盖保温材料对设施葡萄防寒也是非常好的方法。这种方法除了设施需要较大的强度，需增加设施投资外，同时保温材料投资也较大，但由于树体不下架，减轻了大量劳动力支出，年经营性投资减少，同时规避了由于下架对树体造成的损伤，其意义深远，是北方大棚葡萄防寒的方向所在，各地应积极探索。

b.双层膜大棚内层表面覆盖防寒。近年来双层膜大棚发展较快，由于其保温效果好，葡萄防寒可以进一步简化。为此，我们在沈阳利用双层膜大棚开展了防寒实验。

做法是：树体同样不修剪、不下架，11月中旬内层设施用一层塑料封闭后，在内层设施表面覆盖黑塑料、针刺棉或保温被等保温材料（图8-11），次年3月中下旬解除内层保温覆盖物。在沈阳，经过2年2处不同地点实验，树体都安全越冬，该方法在与沈阳类似寒冷地区可借鉴。在沈阳以南气温较高地区，这种防寒方法还可进一步简化。

图8-11　双层膜大棚防寒实物图（辽宁沈阳）
（左：覆盖黑塑料防寒；右：覆盖针刺棉防寒）

（3）日光温室葡萄防寒。在我国北方，日光温室是生产葡萄的主要设施类型。该设施保温性好，通过对设施表面覆盖保温材料防寒，葡萄植株可安全越冬，防寒得到有效简化（图8-12）。

日光温室设施通过表面覆盖保温材料保持设施内黑暗、恒定湿度及恒定较低温度条件（不低于-15℃），满足葡萄越冬条件。保温材料往往是黑塑料、草帘、针刺棉或保温被等，可根据当地严寒季节温度状况选择保温材料种类及规格；防寒覆盖时间从落叶前后开始，升温截止。沈阳地区防寒覆盖时间（休眠时间）一般从10月中旬开始，但为了开展超早栽培，覆盖时间还需提早。单纯的防寒越冬可持续到3月中下旬。

图8-12　日光温室冬季覆盖防寒（辽宁沈阳）

大棚与日光温室树体不必采用下架方式防寒，这大大地解放了生产力，可以预测，将来北方葡萄架式、树形、栽植密度等将与南方栽培模式接轨，将体现出巨大的生机与竞争力。

三、设施葡萄休眠的打破

葡萄自然休眠是生理表现，在得到满足后，依赖升温可自然打破；而当自然休眠没有得到满足时，必须通过人工的生理化学方法，即采用喷施破眠剂来打破（也称石灰氮，主要成分为单氰胺）。

我国南方设施葡萄促早栽培、一年多收及北方日光温室早促成栽培等都广泛开展人工破眠方法。北方日光温室克服休眠障碍平茬更新也使用破眠剂促进萌芽。

破眠剂使用时间。应根据栽培方向或目标及栽培设施的温度实际而确定，一般在所选择设施葡萄的伤流期前后开始使用效果最好（图8-13）。葡萄伤流的出现，标

图8-13　打破休眠药剂应用时期（伤流期）

志着根系已经吸水，植株生长发育正式开始，此时使用破眠剂，能被植株吸收发挥作用，否则过早使用作用甚微或根本无作用。

目前我国葡萄园往往开始升温还没有等树体活动即使用破眠剂，破眠剂使用过早往往是各地破眠效果不理想的主要原因之一。葡萄萌芽后不能再使用破眠剂，否则将对新芽造成伤害。

破眠剂使用方法主要是采用喷布或涂抹结果母枝冬芽的方法（图8-14、图8-15）。提前解除葡萄自然休眠，促使其早萌芽、多萌芽并萌芽整齐，达到早开花、早结果、早上市的目的，但在自然休眠期尚未结束前使用破眠剂，只能提早打破休眠，而不能克服休眠障碍。

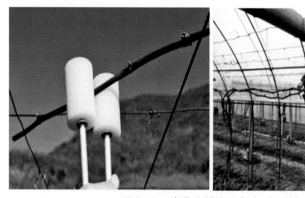

图8-14　破眠药剂使用方法（涂抹）

图8-15　破眠药剂应用（左：喷涂；右：喷涂效果）

四、设施葡萄休眠障碍

葡萄植株如果休眠没有得到有效满足，而后在生长发育过程中所产生的一系列非正常现象称休眠障碍。休眠障碍的出现，从正面告诫生产者，通过设施促早生产不可盲目追求过早，应尊重自然规律，应在树体休眠需求得到充分满足的前提下开始生产。葡萄休眠障碍问题在我国北方日光温室超早促成栽培表现突出，限于作者长期在北方从事日光温室葡萄生产与研究，为此，本文主要以日光温室葡萄休眠障碍现象为对象来阐述。实际上葡萄休眠障碍现象在南方（如云南、广西等）大棚等超早促成栽培中亦有发生，各地可参鉴。

（一）何时升温易导致休眠障碍

调查发现：在9月初至11月中下旬升温常表现严重的休眠障碍，有时甚至绝产；而且9月升温比11月升温休眠障碍严重，说明9月树体已经进入深休眠状态，休眠已经不可逆转，该阶段不宜开始生产。

如2014年，辽宁盘锦一农户以日光温室促早栽培葡萄品种红巴拉蒂，9月初带叶修剪后开始升温，浆果2015年1月成熟，表现出极其严重的休眠障碍，基本没有经济产量（图8-16），损失严重。

图8-16　日光温室葡萄休眠障碍（2015年1月摄）

（二）休眠障碍表现

休眠障碍主要表现为：萌芽推迟，萌芽不整齐，萌芽率降低，成枝率低。花芽续分化差，花器官分化差，表现花序少、小；坐果不良，浆果大小粒，发育差，果粒变小，不易着色，不能连续丰产等；叶片早期黄化、脱落；树势衰弱，提前老化，树体寿命短等。

1. 萌芽异常　萌芽期推迟，萌芽期长，萌芽率降低，萌芽不整齐等。具体表现为：萌芽期推迟20～40天，萌芽早晚相差10～30天，萌芽期长达30～40天，萌芽率比正常低30%～50%，而树体一旦发生休眠障碍，枝梢各级副梢萌芽率也显著降低，最终结果是萌芽数量不够，枝条数量不足，产量较低（图8-17）。

图8-17　萌芽异常现象（辽宁）
（左：维多利亚；右：京玉）

2. 花芽（续）分化差　休眠障碍发生后，树体营养供给失调，导致当年花芽续分化异常，次年花芽分化差。

当年花芽续分化异常，花序分化不完整等。具体表现为：花序早期发育停止，花序小，花序上着生花蕾少，稀疏异常，花序梗长，花序副穗退化成卷须等（图8-18）。

次年花芽分化差，具体表现为：花序着生节位提高，花序少、小，质量差。

图8-18 花芽续分化差现象（左：花序早期发育停止；右：花蕾稀少）

3. 花期延长 花期延长。如正常情况下，葡萄花期3～5天，而在日光温室栽培休眠不足时，花期需要10～15天，有时花期甚至持续20天，花期延长给花期判断与管理带来不便。

4. 叶片早期黄化 从外观上看，树体休眠不足，叶缘下卷，黄化。伴随树体发育过程，花前开始出现叶缘下卷现象，花后开始在叶脉间出现系列黄色斑块，并逐渐变大连接成片，最终叶片从枝条基部开始逐渐枯黄，严重时导致脱落（图8-19、图8-20）。

图8-19 红地球休眠障碍叶片（辽宁朝阳）

观察发现，树体休眠越差，叶片黄化越早，脱落越早，休眠严重不足时，叶片在花期前后开始黄化，果实成熟前叶片已脱落过半，甚至全部黄化脱落。

叶片黄化症状与缺镁症状一致，实际树体是缺镁，但诱因不同，施镁肥不解决本质问题。

图8-20　着色香葡萄休眠障碍叶片不同阶段状态（辽宁沈阳）
（左：前期；中：中期；右：后期）

5.结实特点改变　主要表现坐果差，大小粒现象明显，果穗松散不整齐等。浆果膨大后劲不足，果粒比正常小；浆果着色不整齐，着色慢，成熟期推迟；成熟前落粒；口感差，品质低劣，固有的优良品质不能得到体现（图8-21），商品价值低或无等。

图8-21　休眠障碍浆果着色难现象（辽宁沈阳）
（左：藤稔；右：着色香）

6.树势衰弱生育期延长 表现根系发育受阻，无新根系产生，即无吸收根；新梢大部分没有生长点，少部分有生长点长势也差；副梢萌发率低，叶量不足，树势衰弱，提前老化；浆果迟迟不熟，生育期延长（图8-22）。树体寿命缩短。

图8-22 着色香休眠障碍的综合表现（树势、叶片及果穗等）

（三）休眠障碍表现差异

在同一个地区，升温时间相同，休眠障碍表现随设施保温能力不同；设施内树体位置、品种及树体发育特点等对休眠障碍也表现出较大的差异。作者通过十余年在沈阳周边地区观察，得到如下结论，供参考。

1.设施保温差异 设施升温时间相同，引导休眠方法一致，设施保温能力有差异，同样在没有满足休眠阶段开展升温，白天温度保持一致，设施保温能力越好，夜间温度越高，设施葡萄需冷量越不够，休眠障碍越严重；而保温差的设施，夜间温度较低，葡萄需冷量能进一步得到满足，休眠障碍轻或无休眠障碍现象。

如在沈阳地区，土堆式墙体日光温室，比砖混二四墙体日光温室保温效果好，同时在11月中下旬树体休眠没有满足阶段升温，前者休眠障碍表现严重，如成熟早、产量低、浆果品质差、商品价值低等；而后者休眠障碍较轻，有时甚至不表现休眠障碍，如成熟晚、产量高、浆果品质好、商品价值高等。因此，在生产中有时表现悖论，即保温好的设施没有保温差的设施产值高。由此提醒大家，设施葡萄早促成生产满足休眠是非常必要的。

2.设施内位置差异 日光温室内不同位置环境温度略有差异，葡萄接受低温休眠程度不同，休眠障碍症状表现有差别。

例如，日光温室内南侧地脚附近环境温度较低，中间位置环境温度较高，后部贴近北墙温度最高（晚间墙体继续释放热量）；一旦产生休眠障碍，南侧地脚附近树体症状最轻，表现树势最壮、果穗最大、产量最高、成熟最早、品质最好；而中间部位树体次之；后部贴近北墙的树体最差。通过上述现象，可以判断该设施葡萄存在休眠障碍，应马上采取应对措施，否则将影响下一年生产。

3. 品种差异　葡萄品种不同，休眠需冷量也不同，休眠障碍表现也存在很大的差异。通过近几年日光温室栽培发现，着色香、维多利亚、京玉、粉红亚都蜜、87-1、香妃及早霞玫瑰等品种休眠需冷量较少，而京亚、藤稔及光辉等品种休眠需冷量较多。

4. 树体差异

（1）树体发育阶段差异。在树体发育进程中，芽眼进入休眠的时间不同，休眠程度不同，休眠障碍表现有差别。先阶段发育形成的主干上的芽进入休眠时间早、休眠深，休眠障碍表现重，升温后不易萌芽；后阶段发育形成的副梢上的芽，进入休眠时间晚，休眠浅，休眠障碍表现轻，升温后易萌芽（图8-23）。因此，休眠障碍表现重的设施，只能依赖晚期发育的副梢或顶部枝芽结果，产量及质量大大受到影响。

（2）树龄差异。幼树进入休眠迟，休眠浅，休眠易打破，休眠障碍表现轻；超早促成栽培，幼树比多年生树易萌芽。基于此，生

图8-23　维多利亚休眠障碍发生后主芽不萌芽而副芽萌芽现象（辽宁辽阳）

产上也提倡平茬更新，每年培养新植株（或新枝条）或新定植建园，积极主动应对休眠障碍。

（四）休眠障碍的规避

休眠障碍一旦发生，当年通过任何方法是无法克服的，只能承担其恶果。当年果实采收后，通过对树体平茬更新等方法，树势可得到恢复。次年在休眠得到满足后适时升温，不再表现休眠障碍症状；以后休眠不足升温，还会重复表现休眠障碍症状。休眠障碍出现后，当年如果不采取平茬更新等措施，以后树体将严重衰弱。作者2016年12月到云南元谋考察葡萄，发现很多葡萄园都存在严重的休眠障碍现象（图8-24），值得大家注意。

图8-24　着色香休眠障碍葡萄园（云南元谋）
（左：树势弱；右：叶片早变色）

避免休眠障碍的方法：

1. 满足休眠需求　当年升温前，尽量满足树体休眠需求，做到适时升温，在合理时间段升温，或早期引导休眠，满足休眠后再升温。

2. 解除休眠障碍　树体一旦表现休眠障碍，解除休眠障碍现象的最有效方法是修剪更新，恢复树势，或重新栽植建园。

第九章　设施葡萄生产与管理机械设备

　　伴随我国农业从业人口构成逐渐老龄化与农业现代化，农业必然走向机械化的道路。

　　从世界范围看，欧美等发达国家露地葡萄管理已经实现了机械化，由于露地葡萄是大面积种植，且粗放经营，其机器设备往往都是大型的，我国设施葡萄生产与之有差距。在日本，设施葡萄发展具有较长的历史，设施空间狭窄，农户经营土地面积较小，且经营管理精细化，这与我国有许多相似之处。为了简化劳动，提高功效，日本研制出一系列小型农机设备，葡萄生产管理机械化程度得到大幅提高，形成了与欧美大农机相对应的小农机类型，值得我国参考学习。

　　目前，我国大型农业机械普及速度很快，但小型农机具发展较慢，是我们的短板，需要抓紧赶上。2015年秋，作者到日本考察葡萄，走访山梨县滕沼葡萄产区时，发现户户都有微型农机设备（图9-1）。除草、打药等很多作业已实现了机械化。

图9-1　葡萄园农机具
（日本）

一、土壤管理与土方施工机械

（一）土壤微耕机

1. **四轮微耕机**　通常以柴油机为动力源，四轮驱动，带动旋耕机械发挥作用，主要用于葡萄架下或行间土壤微耕松土、整地和除草等，工人坐着操作，劳动强度低，工作速度快，效率高，适宜面积大、地势平坦的葡萄园使用（图9-2、图9-3）。

图9-2　四轮微耕机（一）

图9-3　四轮微耕机（二）

2. **手扶微耕机**　一般以汽油机为动力源，直接带动旋耕设备发挥作用，主要用于葡萄架下或行间土壤微耕松土或微耕除草，工人行走操作，劳动强度较高，工作速度较快，效率较高，适宜面积小、地势平坦或不平坦的葡萄园使用（图9-4）。

图9-4　手扶微耕机

（二）微型挖掘机

通常以柴油机为动力源，履带式，主要用于土地平整、挖掘（回填）栽植沟（坑）、挖掘淘汰葡萄植株、挖坑施肥等，工人坐着操作，劳动强度低，工作速度快，效率高，适宜空间狭小的设施内或葡萄架下作业（图9-5、图9-6）。

图9-5　微型挖掘机（挖沟与回填）

图9-6　微型挖掘机

（三）微型挖沟机

通常以手扶式拖拉机驱动挖沟机，主要用于露地或设施内专业挖沟，深度可调节。工人行走操作，劳动强度较高，工作速度快，效率高，适宜空间比较狭小的设施内作业（图9-7）。

图9-7　微型挖沟机

（四）钻坑、钻孔机

通常以柴油机为动力源，以履带式、胶轮四轮驱动式及手提便携式3种为主，根据需要钻孔或钻坑，可用于葡萄架柱埋设、苗木栽植等，工人操作劳动强度低，工作速度快，效率高（图9-8、图9-9）。

图9-8　钻坑机

图9-9　钻（孔）坑机

（五）施肥机械

通常以柴油机为动力源，以胶轮四轮式或履带式为主，用于葡萄植株侧面挖沟施肥（图9-10、图9-11）。机器型号较多，工人劳动强度低，速度快，效率高。目前，我国这类设备体积还较大，有待于开发体积小、操作灵活、效率高的新机型。

图9-10　施肥开沟机（左：开沟机；右：开沟效果）

图9-11　各种类型施肥机

目前，我国南方设施葡萄积极推广水平大棚架，葡萄架下空间大，有利于微型农机施肥。而北方设施葡萄架式设计空间较小，很难采用机器施肥，应从源头即架式改进设计开始考虑机器施肥问题。

（六）埋土防寒机械

通常以轮式拖拉机驱动为主，用于北方寒冷地区葡萄行间挖掘土来埋土防寒，工人劳动强度低，作业速度快、效率高。目前，我国这类设备体积还较大，大多在露地葡萄防寒中应用（图9-12、图9-13）。我国北方设施葡萄栽植密度大，且设施空间小，有待于开发体积小，操作灵活的新机型。

图9-12　埋土防寒机

图9-13　埋土防寒机

多年来，我国北方寒地葡萄通过埋土防寒得以栽培，创造了良好的经济效益及社会效益。伴随着设施的普及，结合新设施及新保温材料等的应用，北方设施葡萄防寒将得到彻底简化，即通过对设施保温达到葡萄防寒的目的。伴随人们对葡萄适地适栽的理解与农业区域化的逐渐普及，环境保护观念的提升，伴随现代运输业对传统农业的影响，寒地葡萄传统的埋土防寒模式终将成为历史的记忆。

（七）微型装载车

一般是以柴油机为动力源的微型专业装载车，可分成履带式与胶轮式两种（图9-14）。

图9-14　微型铲车（日本）

在葡萄园内，微型装载车主要用于翻倒有机肥，促其发酵，也可以装载有机肥等重物。

二、植保机械

（一）高压迷雾机

通常以柴油机为动力源，胶轮四轮驱动式为主，根据需要可在葡萄架下及行间行走作业，当设施空间狭窄机器进出不便时，设备可停放在设施外，人力牵管打药，机器设备动力大，雾化效果好，工人劳动强度低，工作效率高，适宜大面积作业（图9-15、图9-16）。目前该设备日本葡萄园应用广泛，近年来我国也开始生产使用。

图9-15　高压弥雾机（一）

图9-16 高压弥雾机 (二)

(二) 喷药泵

通常以汽、柴油机或电机为动力源，根据设施空间停放在设施外或在设施内依附其他车辆行走作业。当设施空间狭窄机器进出不便时，设备可停放在设施外，人力牵管打药，管道的长度依距离而定，最长距离可达300米；当设施内空间大时，喷药泵可安装在具有动力输出的小型机动车（如四轮拖拉机等）上，利用机动车动力，依附机动车行走，在葡萄架下及行间进行喷药作业（图9-17）。机器动力较大，雾化效果较好，工人劳动强度较低，工作效率较高，速度快，适宜较大面积作业。该设备投资少，操作简单灵活，在我国设施葡萄园应用广泛，同时也是我国其他经济作物最常用的植保设备。

图9-17 喷药泵

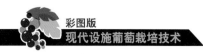
（三）普通电动喷雾器

普通电动喷雾器是在传统背负式手动喷雾器基础上的改进类型，主要是动力源变成了可充式电源，还以背负式为主，也出现了人力牵引式类型。目前主要在设施葡萄园喷布石硫合剂、破眠剂、除草剂等需药量少时才使用，个别栽植面积小的葡萄园也可选用（图9-18）。机器体积小，重量轻，投资少，操作简单灵活，动力较小，雾化效果较好，工人劳动强度较低，但不适宜较大面积作业。

图9-18　普通电动喷雾器

新栽植的幼树，前期叶片少，工作量小，也可使用普通电动喷雾器作业（图9-19）。

图9-19　普通电动喷雾器作业

三、除草机械

（一）四轮割草机器

通常以柴油机为动力源，四轮驱动，带动旋转刀具发挥割草作用。主要用于葡萄架下或行间割草，要求作业空间较大，工人坐着操作，劳动强度低，作业速度快，效率高，适宜面积大、地势平坦的葡萄园使用（图9-20至图9-22）。该设备投资较大，在日本已经得到广泛应用，在我国刚刚开始生产，目前还仅限在有经济实力的较大农事企业应用。

图9-20　四轮割草机

图9-21　四轮割草机作业

图9-22　四轮割草机作业效果（左：除草前；右：除草后）

（二）手扶式割草机

一般以汽油机为动力源，机器在行走过程中，直接带动刀具旋转发挥割草作用，主要用于葡萄架下或行间割草，作业空间可略小，工人行走操作，劳动强度较高，工作速度较快，操作简便，效率较高，适宜面积小、地势平坦或不平坦的葡萄园使用（图9-23）。该设备投资较小，我国已经开始生产，目前陆续得到推广应用。

图9-23　手扶式割草机

（三）背负式割草机

一般以汽油机为动力源，设备体积小、重量轻，需要人工背负行走作业，主要用于葡萄架下或行间割草，作业空间可略小，劳动强度较高，工作速度较快，效率较高，适宜面积小、地势平坦或不平坦的葡萄园使用（图9-24）。该设备投资小、实用，目前在我国园林行业得到广泛应用，在设施葡萄园应用的也较多。

图9-24　背负式割草机

四、运输车辆

（一）轻型运输车

一般是以汽、柴油机为动力源的小型四轮轻型、中短途运输车辆，要求具有牌照，是葡萄园购买生产资料如农膜、肥料等，或将采摘下的葡萄运往包装车间的运输设备（图9-25、图9-26）。该类车体型小，一般载重量1～2吨，灵活方便，为葡萄园必备车辆。

目前我国葡萄农家一般采用三轮车作为该运输工具，比较大一点的专业农场往往采用皮卡或其他轻型运输车辆，车型很多。

图9-25　轻型运输车

图9-26　轻型运输车

（二）田间小型重载运输车

一般是以柴油机为动力源的小型履带式载重短途运输车辆，是葡萄园田间运输有机肥或其他杂物的专业性工具，体积非常小，较重，行驶速度慢，但动力较大，可在田间运输较重的物质；操作者需跟车行走遥控驾驶（图9-27）。由于该车型体积小，适合于葡萄架下或行间运输作业。

图9-27　田间小型重载运输车

目前，该车辆在日本已经得到广泛应用，我国刚刚生产推广。

（三）小型电动运输车

一般是以电池为动力源的小型三轮或四轮短途运输车辆，是在葡萄园内道路行驶运输轻质材料的专业性车辆，体积非常小，重量轻，动力小，行驶速度较快；操作者需坐在车上驾驶，灵活、简单、方便，很受欢迎（图9-28）。

图9-28　小型电动运输车

目前，该类产品在我国已经得到广泛应用，型号众多。

（四）大型重载运输车

一般是以柴油机为动力源的中大型四轮重载长途运输车辆，实现葡萄园与外界大型物质的交流，要求具有牌照。通常小农户不具备，仅大型葡萄农场或合作组织拥有（图9-29）。

图9-29　大型重载运输车

（五）葡萄批发市场小型电动运输车

一般是以电池为动力源的小型三轮运输车辆，是葡萄批发市场行走在硬化路面作为短途运输的专业性工具，体积非常小，重量轻，动力小，行驶速度较缓慢；操作者需站在车上驾驶，灵活方便（图9-30）。

在日本东京大田农产品批发市场，笔者看到随处都是这种车辆，大型车辆禁止进入市场，所批发的农产品都是通过小型电动运输车运输到停放在市场外的大型车上，井然有序。

图9-30　批发市场电动运输车

五、设施附属设备

（一）放风卷膜器

卷膜器属于减速机，可以分成手动式与电动式两大类。

1.手动式卷膜器　手动式卷膜器是安装在大棚及日光温室通风口，调节开闭风的手动装置，有涡轮式、摇臂式及拉链式等种类。设备结构简单，造价较低，其中涡轮式卷膜器最便宜，也易于维护。手动式卷膜器驱动转杠长50～100米，其中侧面摇臂式卷膜器可驱动转杠长度80～100米，顶部涡轮式卷膜器可驱动转杠长度50米左右。

（1）顶部涡轮式卷膜器。通常安装在连栋大棚及日光温室顶部通风口等部位（图9-31）。种类很多。

图9-31　顶部涡轮式卷膜器

（2）侧面摇臂式卷膜器。通常安装在大棚及日光温室侧面（图9-32、图9-33）。种类很多。

图9-32　侧面摇臂式卷膜器

图9-33　侧面摇臂式卷膜器安装（左：大棚；右：日光温室）

（3）顶部拉链式卷膜器。通常安装在连栋大棚顶部通风口，驱动转杠长度50米左右（图9-34）。

图9-34 顶部拉链式卷膜器（安装）

（4）顶部摇臂式卷膜器。通常安装在连栋大棚及日光温室顶部通风口，驱动转杠长度50米左右（图9-35）。

图9-35 顶部摇臂式卷膜器

2.电动式卷膜器　安装在设施通风口调节开闭风的电动装置（图9-36），设备结构简单，造价较低，动力较大，可驱动转杠长度100米左右。

图9-36　电动式卷膜器（左：电动卷膜器；右：安装使用）

3.自动控温仪　卷膜装置配备安装了自动控温设备（图9-37）。目前我国生产该类设备的企业很多，但推广速度较慢，其主要原因除了需要一定的投资外，重点是对大棚及日光温室等基础设施标准化程度要求较高，而现在大部分设施还非常简陋，无法匹配。

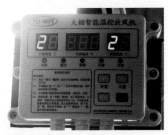

图9-37　自动控温仪

（二）日光温室卷帘机

卷帘机械也属于减速机，分前驱式、侧驱式及后驱式三类。

1.日光温室前驱式卷帘机　前驱式卷帘机是安装在日光温室前部升降保温材料的装置，电力驱动，可以自动遥控（图9-38至图9-40）。设备结构简单，造价较低，动力较大，设备可驱动转杠合计

长度80～100米。卷帘机要求安装在设施中部。在我国华北及西北广泛使用，近年来东北也开始推广。

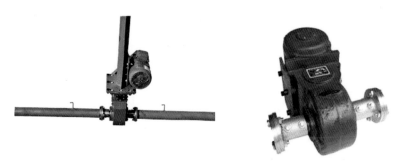

图9-38　日光温室前驱式卷帘机

图9-39　日光温室前驱式卷帘机安装（短臂式）

图9-40　日光温室前驱式卷帘机安装（长臂式）

2.日光温室侧驱式卷帘机　侧驱式卷帘机是安装在日光温室侧面升降保温材料的装置，电力驱动，也可以制动控制（图9-41、图

9-42）。设备结构简单，造价较低，动力较大，设备驱动转杠长度60米左右。在我国华北、西北广泛使用，现东北也开始使用。

图9-41　日光温室侧驱式卷帘机

3.日光温室后驱式卷帘机　后驱式卷帘机是安装在日光温室中后部升降保温材料的装置，电力驱动，也可以制动遥控（图9-43、图9-44）。设备结构简单，造价较低，动力较大，设备可驱动转杠长度100米左右，在我国东北广泛使用。

图9-42　安装有侧驱式卷帘机（日光温室）

图9-43　日光温室后驱式卷帘机

图9-44　安装有后驱式卷帘机日光温室（左：前屋面；右：后坡）

日光温室后驱式卷帘机，需要在设施后部设计安装立杠及横杠，造价较高。另外对设施前屋面角度设计要求严格，因为日光温室后驱式卷帘机只能上卷帘，下放帘时需要依赖自然重力，当设施前屋面角度不合理时，保温被等不能按时下落；而日光温室前驱式卷帘机上卷与下放都是由卷帘机动力驱动完成的，对设施前屋面角度无要求。

六、其他机械

（一）枝蔓粉碎机械

通常以柴油机为动力源，履带式，设备体积小，但较重；机器除了能够粉碎葡萄枝蔓外，还可自动行走，非常便于操作（图9-45）。

图9-45　枝蔓粉碎机

目前，我国对葡萄枝蔓粉碎还田工作刚刚被认识，这类的专业设备开发也处于起步阶段；在日本，葡萄枝蔓粉碎还田已经推广多年，每个家庭农场都具备枝蔓粉碎设备，经过粉碎后的枝蔓碎片，通常掺杂在有机肥内或直接铺设到葡萄植株根颈处周边，以保持土壤疏松。

（二）小型升降机

小型升降机一般是以柴油机为动力源的履带式专业性车辆，即可升降又可行走，操作者需站在机器上控制，灵活方便，工作效率得到提高，劳动者身心安全得到保障（图9-46、图9-47）。

图9-46　小型升降机

图9-47　小型升降机作业

采摘观光葡萄园往往为了游人停车及观光方便，需要设计较高的葡萄架面，为了便于日常管理，需要小型升降机。大棚等设施，在设施建造与安装、日常维护及常规塑料薄膜轮换等高处作业中也需要小型升降机。目前，该产品在日本已经得到广泛应用，我国应用的不多。

（三）苗木嫁接机

国外葡萄苗木生产嫁接环节操作是由嫁接机完成的，工作效率高，劳动强度低，嫁接期长，适宜大规模生产。

目前，世界上葡萄苗木嫁接机一般是由德国或法国生产的Ω形接口机（图9-48）。人工操作，通过机器将砧木与接穗同时或分别切割造出Ω形接口，然后彼此衔接成嫁接体，再培育成苗木。

图9-48　嫁接机与接口

机器嫁接过程中需要许多辅助性材料与设备，目前我国还不能配套；同时机器嫁接对砧木的粗度要求严格，需要大量培养砧木，为此嫁接机目前在我国尚未被广泛使用。

（四）起苗犁

我国葡萄苗一般需在田间培育1年后秋季起（挖）出，贮藏并销售。起苗有专业的起苗犁，可分成侧位式与正位式两种，通常依赖拖拉机牵引驱动（图9-49至图9-51）。

图9-49　侧位式起苗犁（左：国内振动式；右：国外振动计数式）

图9-50　侧位式起苗犁作业　　　　　　图9-51　正位式起苗犁

第十章 设施葡萄病虫害综合防治技术

一、设施葡萄病虫害防治体系的建立

设施葡萄效益比较高，一旦发生严重的病虫害会造成很大的经济损失，掌握其发生原因与规律，建立整套的病虫害防治体系，降低病虫害发生概率，对确保产量、果品安全与产业可持续发展有着重要意义。

（一）设施葡萄病虫害发生的主要原因

影响设施葡萄病虫害发生及发生程度的主要原因（图10-1）所示。

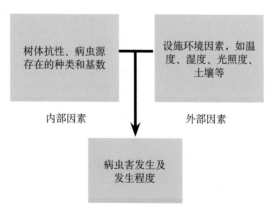

图10-1 设施葡萄病虫害发生因素

（二）设施葡萄病虫害发生的特点

设施内环境变化受人为的控制，故病虫害发生较露地栽培轻，但发生规律与人为的管理措施密切相关，葡萄设施栽培与露地栽培病虫害发生在种类上有很大不同（表10-1）。

表10-1 设施葡萄病虫害发生种类

露地栽培		设施栽培	
主要病害	主要虫害	主要病害	主要虫害
霜霉病	天蛾	白粉病	瘿螨等螨类
黑痘病	葡萄虎天牛	灰霉病	介壳虫
炭疽病	葡萄虎蛾	穗轴褐枯病	粉虱
白腐病	透翅蛾	酸腐病	金龟子
褐斑病	金龟子		透翅蛾
穗轴褐枯病			绿盲椿

同时，由于采用设施栽培，病虫害发生的区域性与时期也存在着很大的差异（表10-2）。所以不同地区应研究并总结当地设施葡萄病虫害发生的具体种类和发生规律，从而制订有效的防治方案。

表10-2 设施葡萄病虫害发生区域与时期

病虫害名称	露地栽培发生时期	设施栽培发生时期
霜霉病	雨季 南、北方发生均严重	秋季揭开棚膜后 全国均有
黑痘病	雨季 南方发生严重	秋季揭开棚膜后 全国均有
灰霉病	花前、果实生长期 南方多有发生	花前、果实生长期 温室内常见
白腐病	夏季多雨时期 全国多有发生	发生较轻
透翅蛾	6~7月 全国多有发生	5~6月 全国多有发生
瘿螨等螨类	6月盛发期 全国多有发生	5~7月盛发期 全国多有发生，设施内连片 爆发

（三）设施葡萄病虫害防治的策略与技术

从设施葡萄病虫害发生的原因得知，要想进行有效防治，首先，要减少设施内病虫源，其次，要创造出不利于病虫害发生的环境，再次，在病虫害出现前使用预防药剂进行预防，最后，是出现病虫害时及时进行灭杀，降低病虫害暴发概率。

1.预防为主、综合防治策略　预防为主是指减少设施内病虫源及创造出不利于病虫害发生的环境，这样做能够大大降低病虫害发生的概率与发生程度，在降低病虫害风险的同时，也减少了生产中化学药剂和人工的投入。图10-2为病虫害预防良好的葡萄园。

图10-2　病虫害预防良好的葡萄园

2.果品安全、可持续发展理念　我国葡萄园过度使用化肥、农药，导致土壤出现盐碱化、酸化、板结等现象，同时地下水也受到一定程度污染，常引起葡萄植株生长障碍，难稳定生产出高品质的果品。可以预见在未来的果品生产中，果品安全的要求会不断增加，对化肥、农药的使用会逐渐合理与规范，以减少对果园土壤、地下水等环境的破坏，可见恢复果园的生态环境既可以促进可持续发展，又会提高果品内在品质，促进增收。

3.综合防治技术

（1）农业防治。选择适合葡萄生长的地块建园，科学选择品种，种植脱毒苗木，采用适宜的砧穗组合；根据立地条件选择栽植模式，采取合理的种植密度与架式，并加强综合管理等。

（2）物理防治。主要技术措施有建园栽植苗木时，采用温水处理苗木灭杀病虫；生长期开展人工捕杀害虫，如铺设防虫网及防鸟网，安装杀虫灯诱杀透翅蛾、果蝇、金龟子等，挂黄板、蓝板诱杀蚜虫和蓟马等，树干涂抹黏胶阻止介壳虫迁移等（图10-3）；花后对果实套袋预防病虫害等。

图10-3 物理防治害虫（左：杀虫灯；中：黄板诱杀蚜虫；右：防虫网）

（3）生物防治。释放天敌扑杀、悬挂性诱剂诱杀、喷洒生物药剂灭杀病虫。目前主要应用的生物药剂见表10-3。

表 10-3 设施葡萄生产中应用的主要生物药剂

生物药剂名称	防治对象
苏云金芽孢杆菌（Bt）	金纹细蛾、潜叶蛾等鳞翅目害虫
除虫菊类	蚜虫、蓟马、白粉虱、叶蝉等
苦参碱	蚜虫、鳞翅目幼虫（毛虫、青虫）及霜霉病等
印棟素	鳞翅目害虫、鞘翅目害虫（金龟子等）
多抗霉素	灰霉病等
中生菌素	白腐病、炭疽病等

（4）化学防治。合理选择、科学使用化学农药防治，是设施葡萄生产的有效保障。当前我国农药品种繁多，但良莠不齐，真假难辨。选正（真的、好的）防假劣成了消费者的难心事。首先，需要到知名度高、实力雄厚、技术一流、有信誉度的正规农药公司或商店购买所需的农药。购买农药时，要认真查看购买农药的标识说明，弄清其有效成分、商品名称、化学名称等，防止购买同物异名或同名异物的农药；注意商标、生产厂家、生产日期、有效期限、防伪

标记等。其次，继续选择已经使用过且效果好的农药品牌，但也应仔细查看农药标识，不能粗心大意。

①科学利用农药。首先，要有针对性地用药，病虫害不为害到一定程度不宜打药，局部发生病虫害只打局部，勿涉及整体。设施内病害轻，没必要经常打预防性药剂。其次，不随意提高药液浓度，提高浓度浪费农药，易误伤天敌、引起药害及增加残留。合理安排用药时间，勿在高温、高湿时段用药等。

②选用高效喷药设备。农药以尽量小的雾滴均匀地喷布到叶片等葡萄组织或器官上，才能实现即节省农药又能发挥最佳效果的目的，因此要选择雾化状态好的打药器械（图10-4）。

图10-4　喷施农药机械（左：人力牵引型；右：机械自走型）

二、设施葡萄主要病害防治技术

（一）葡萄灰霉病

1. 为害部位　花序、幼果和成熟果实。设施中在生长前期高湿低温环境下受害频繁。

2. 病部症状　花序初期受害后呈现淡褐色水渍状，后变暗褐色软腐，潮湿时表面密生灰霉，后期垂萎，易断落。果实受害后呈褐色凹陷，最后软腐（图10-5）。

3. 防治方法

（1）开花前20天和前5天左右喷布2次嘧菌酯600～800倍液或甲基硫菌灵600～800倍液。设施中葡萄展叶后15天左右喷布进行预防。

图10-5　葡萄灰霉病（左：叶片为害状；右：花序为害状）

（2）发病时喷布抑唑霉600倍液或嘧霉胺800～1000倍液治疗。

（3）降低湿度，改善环境。树下全园铺地膜，及时放风排湿；阴天日光温室同样揭开防寒物接受散射光，这些措施也可有效预防发病。

（二）葡萄白粉病

1. 为害部位　主要为害梢、叶（包括老叶），严重时果实也能感病。

2. 病部症状　叶片发病初期出现灰白色病斑，后呈面粉状的霉（分生孢子），最后叶片焦枯。果实发病后覆盖一层白色粉末状分生孢子，病处先裂后烂（图10-6）。

图10-6　葡萄白粉病（左：叶片为害状；右：果实为害状）

3.防治方法

（1）萌芽前喷5波美度石硫合剂铲除越冬病原菌。

（2）发病时喷三唑酮或甲基硫菌灵或苯醚甲环唑、氟硅唑、乙醚酚等，喷施2次，也可采用烟熏剂灭杀。

（三）葡萄白腐病

1.为害部位　梢、叶、果。严重时导致绝产绝收。

2.病部症状　果穗发病初期在小果梗或穗轴上出现水渍状病斑，后逐渐向果粒基部蔓延，变褐软腐，严重时小分穗和全穗腐烂，脱粒和脱穗。

叶片发病多从叶缘开始，病斑呈水渍状深浅不同颜色的波状轮纹，病斑干枯后易破裂。新梢上病斑呈淡褐色水渍状，形状不规则，后期病部皮层纵裂成乱麻状（图10-7）。

图10-7　葡萄白腐病（左：叶片为害状；右：枝条为害状）

3.防治方法

（1）发芽前用5波美度石硫合剂喷刷枝蔓，发芽后改用5波美度石硫合剂喷洒铲除越冬病原菌或预防。

（2）落花后到封穗期是预防关键时期，采用福美双、多菌灵等交替喷洒，喷施苯醚甲环唑即有保护效果也有治疗效果。

（3）发病时喷布福美双、烯唑醇、氟硅唑等治疗。

（四）葡萄炭疽病

1. **为害部位** 果实和叶片。

2. **病部症状** 果面上病斑初期为水渍状或呈雪花状、浅褐色，以后呈深褐色，稍凹陷，并由很多小黑点排列成同心轮纹状。潮湿时溢出粉红色黏液（即分生孢子）。近熟时病果上病斑迅速扩大可达果实半面以上，逐渐失水干缩，振动易脱落（图10-8）。

图10-8 葡萄炭疽病果实为害状

3. **防治方法**

（1）发芽前喷5波美度石硫合剂铲除越冬病原菌。

（2）发病前喷波尔多液、苯醚甲环唑等进行保护。上述药剂在预防黑痘病、霜霉病时，对炭疽病、穗轴褐枯病等同时具有预防作用。

（3）发病时喷布溴菌清、咪鲜胺、甲基硫菌灵等治疗。

（五）葡萄酸腐病

1. **为害部位** 近成熟期果实。

2. **病部症状** 果粒腐烂，腐烂处有果蝇出现，腐烂的汁液流出经过的地方引起周边好果继续腐烂（图10-9）。

图10-9 葡萄酸腐病（王琦提供）
（左：袋内发病；右：果实为害状）

3.防治方法

（1）控制土壤湿度，避免果粒开裂。

（2）发病后采用80%必备800倍液+10%联苯菊酯3 000倍液+50%灭蝇胺水剂1 500倍液等喷施治疗。

（六）葡萄根癌病

1.发病部位　一般在葡萄蔓根颈部分和枝蔓上发生。在北方受冻害的葡萄植株，该病从下往上，直至一年生枝条的冻伤处都可能发病，发病严重的果园，嫁接苗在接口处也容易发病。南方湿度大的年份易发生。有些葡萄品种如醉金香等易染此病。

2.病部症状　发病初期在病部形成类似愈合组织状的瘤状物，内部组织松软，随着病瘤的不断增大，表面粗糙不平，并由绿色渐渐地变成褐色，内部组织变白色，并逐渐木质化。病瘤多为大小不一的球形，小的只有几毫米，大的可以达到十多厘米，形状不规则，表面粗糙，有大瘤上长小瘤的现象（图10-10）。发病导致病株生长衰弱，严重时干枯死亡。

3.发病规律　病菌在病组织以及土壤中过冬，随雨水和灌溉水传播。通常由机械伤口、虫咬伤口和冻害伤口等侵入树体皮层组织后进行繁殖，不断刺激植物细胞增生，形成癌瘤。癌瘤自5月上中旬开始，至7月上旬迅速扩大，7月下旬至8月上旬又逐渐干缩，部分脱落，污染土壤，成为再侵染源。

图10-10　葡萄根癌病（左：主干为害状；右：枝条为害状）

4.防治方法

(1) 消毒处理。对调运的苗木和穗条要经过石灰水或者高锰酸钾稀溶液浸泡消毒备用。

(2) 避免伤口产生。生产过程要尽量避免发生机械伤口、冰雹伤口和病虫伤口等，寒冷地区需防止植株受冻害产生冻伤口。

(3) 治疗。刮掉病部癌瘤，在伤口处涂波尔多液或5波美度石硫合剂、宁南霉素等消毒。

三、设施葡萄主要虫害防治技术

(一) 螨类

1.症状 危害葡萄的螨类有瘿螨（毛毡病）、短须螨（红蜘蛛）、二斑叶螨（白蜘蛛）等。瘿螨症状表现为叶片正面有凸起，叶背部凹陷的部位显示白色绒毛。短须螨为害新梢，新梢长势明显削弱，节间与叶脉有褐色细微颗粒状突起（图10-11）。螨类发生有局域性，且病灶常常不明显，易被忽视，应及时发现，尽早局部防治，避免大发生。

2.防治方法

(1) 对调运的苗木和穗条要经过温水浸泡处理或用5波美度石硫合剂灭杀虫卵。

图10-11 螨类为害葡萄状态
（左：新梢为害状；中：成熟叶片为害状；右：灭杀瘿螨后叶片状态）

（2）冬季将修剪下的枝条、落叶、翘皮等收集带到园外处理。

（3）药物防治。发芽前绒毛期喷施5波美度石硫合剂杀虫卵，发现为害时喷施唑螨酯、螺螨酯、噻螨酮等灭杀治疗。

（二）介壳虫

图10-12 介壳虫为害葡萄枝条状

1.症状 为害枝干、叶片和果实，成虫为害时排出大量黏液，招致霉菌寄生，表面呈现烟煤状，枝条严重受害后枯死（图10-12）。

2.防治方法

（1）清除枝蔓上的老翘皮，春季发芽前喷施5波美度石硫合剂灭杀虫卵。

（2）保护利用天敌，少用广谱性农药。

（3）药物防治。新梢长3片叶前的虫体膨大期到若虫孵化盛期，喷施联苯菊酯、高效氯氰菊酯、甲维盐等灭杀。

（三）绿盲蝽

1.症状 以为害新梢为主，新梢幼叶被啃食后，随着生长发育形成多样化的为害症状（图10-13）。

图10-13 绿盲蝽（左：成虫；右：葡萄叶片为害状）

2.防治方法

（1）清除发生虫害的枝条及早春园内杂草。

（2）物理防治。采用频振式杀虫灯和性诱剂诱杀。铺设防虫网隔绝害虫进入设施。

（3）药物防治。喷施联苯菊酯、吡虫啉、吡蚜酮等。

（四）透翅蛾

1.症状　幼虫为害葡萄新梢，啃食髓部，导致新梢枯死。长大后转移到粗大些的枝蔓上，被害处肿大呈瘤状。严重时导致植株死亡（图10-14）。

图10-14　**透翅蛾**（左：幼虫；右：成虫）

2.防治方法

（1）剪除发生虫害的枝条。

（2）果实膨大期至成熟期，在枝条上发现有排虫粪的蛀孔，可以采取物理钩杀。

（3）药物防治。一般花后是卵孵化盛期，喷施联苯菊酯、高效氯氰菊酯、甲维盐等灭杀。

（五）蓟马

1.症状　为害葡萄嫩梢、叶片、果皮、果穗穗轴，导致嫩梢、叶片出现失绿斑点，果面出现伤疤，果梗变褐色（图10-15）。

2.防治方法

（1）园内摆放蓝色粘虫板诱杀。

图10-15　蓟马对葡萄为害状
（左：叶片为害状；中：果皮为害状；右：果穗穗轴为害状）

（2）药物防治。喷施联苯菊酯、高效氯氰菊酯、甲维盐等灭杀。

（六）葡萄虎蛾

1. 症状　啃食为害葡萄叶片（图10-16）。

2. 防治方法

（1）园内摆放杀虫灯及糖醋液诱杀。

图10-16　葡萄虎蛾（左：成虫；右：幼虫）

（2）药物防治。喷施联苯菊酯、高效氯氰菊酯、甲维盐等灭杀。

四、设施葡萄生理性病害、药害、肥害的发生与预防

（一）生理病害的发生与预防

1. 日灼　日灼一般发生在果实膨大期，由于设施内温、湿度过高，光线直射到果面导致果面水分蒸腾增大，根系吸水不能满足蒸

腾消耗而失水引起，发病初期果
皮失绿变黄，后期引起果实表皮
死亡凹陷（图10-17）。

图10-17　葡萄日灼病

　　防治方法。增施有机肥，
增进土壤团粒结构，提高保水保
肥能力，合理调控设施内温、湿
度，改善设施内通风条件。通过
多留叶片、铺设报纸等人为遮挡
光线措施减少日灼病发生。采取
及时排水、避免高温下套袋、保持设施内通风等措施减少气灼病发生。

　　2.裂果　葡萄裂果多发生在果实转色期，少量发生在幼果膨大
期。裂果发生的部位为果实顶部、果实蒂部、果实中部，开裂的方
式有纵裂和弯月状环裂等（图10-18）。

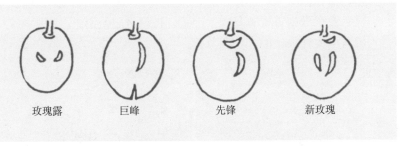

玫瑰露　　　　巨峰　　　　　先锋　　　　新玫瑰

图10-18　葡萄裂果示意（不同品种裂果状态）

　　裂果发生的原因及预防：

　　（1）品种原因。某些品种果皮薄，果皮耐拉力弱，如藤稔、香
妃等易发生裂果现象。

　　（2）果穗过于紧密，果粒之间挤压严重，膨大过程中挤压裂果，
可以通过拉长果穗和疏果避免裂果。

　　（3）植株负载量过大，造成叶果比失调，果实表皮营养积累缺
乏，抗拉性降低。

　　（4）盲目过量使用植物生长调节剂，果皮结构发生变化。

　　（5）土壤水分剧烈变化，果实细胞突然大量吸水后，外表皮细

胞膨胀速度与果肉细胞膨胀速度不协调造成裂果。土壤黏重的果园，根系分布普遍较浅，土壤湿度易剧烈变化；果实转色期土壤干旱，后遇强降雨土壤湿度突然增加都会引起裂果。改良土壤，增加土壤有机质含量，土壤采用生草制，果实转色期适当灌水避免过于干旱等措施也能减少裂果现象的发生。

（6）病害。白腐病和根癌病影响水分的运输和营养供应造成裂果，白粉病为害果实造成外表皮细胞死亡引起裂果。通过对白腐病、根癌病和白粉病的防治可减轻裂果。

3．水罐子病 水罐子病常发生于果实近成熟期。果实着色不正常，颜色暗淡，水渍状。果实酸度大，含水量多，皮肉极易分离。果肉软，易脱落（图10-19）。一般表现在树势弱、负载量多、有效叶面积小时。在果实成熟期高温后遇雨，田间湿度大、温度高，影响养分的转化，发病也重。

预防措施：

（1）注意增施有机肥及磷、钾肥，控制氮肥使用量，增强树势。

（2）增大叶果比例，合理负载。

图10-19 葡萄水罐子病

（3）果实近成熟时停止追施氮肥与灌大水。

（4）干旱季节及时灌水，低洼果园注意排水，勤松土，保持土壤湿度适宜。

（5）在幼果期，叶面喷施磷酸二氢钾200～300倍液，增加叶片和果实的含钾量，可减轻发病。

（二）药害的发生与预防

设施中温度较高，湿度较大时，不合理的施用农药或植物生长调节剂容易产生药害。主要为害幼嫩组织如新梢、幼叶及幼果等（图10-20）。

图10-20　葡萄药害
（左：叶片为害状；中：幼果为害状；右：果实转色前为害状）

预防措施：施用合理浓度的农药，从未使用过的农药要参考说明书及先开展小面积试验后再使用；避免温度过高时以及有露水或雨后立刻用药；勿胡乱混配农药。

（三）除草剂为害与预防

1.除草剂为害特点　葡萄对大部分除草剂敏感，其中，2,4-滴丁酯对其为害严重，经漂移或雨水夹带及雨后高温蒸腾都会对葡萄植株产生为害，漂移为害距离超过10千米。除了对葡萄直接造成为害外，对所有双子叶作物都有为害，已经变成社会公害。草甘膦等除草剂对葡萄有为害，但没有漂移性。

葡萄受到除草剂危害常表现生长点枯死及叶片皱缩、畸形等（图10-21），此外葡萄开花期受到2,4-滴丁酯污染，坐果率显著降低，无经济产量。

2. 预防方法　为了避免除草剂药害的发生，葡萄园及周边应避免使用除草剂除草，当发现周边喷施除草剂时要及时关闭设施预防。一旦出现除草剂药害，喷施芸薹素、碧护等农药可部分减轻危害。

图10-21　葡萄除草剂为害状
（上：2,4-滴丁酯为害叶片；下左：2,4-滴丁酯为害新梢；
下右：草甘膦为害新梢及叶片）

（四）肥害的发生与预防

1. **发生原因** 施用未发酵的农家肥或过量使用化肥，直接引起根系死亡，造成叶面萎蔫或植株干枯死亡（图10-22），即肥害现象。同时将未发酵的农家肥直接施于地面，设施内温度较高且相对密闭，农家肥分解产生的氨气对叶片造成危害引起干枯；大浓度使用叶面肥也易引起肥害。

2. **预防方法** 农家肥要经过发酵后使用，喷施叶面肥不要任意增加浓度等。

图10-22 葡萄叶面肥害

图书在版编目（CIP）数据

彩图版现代设施葡萄栽培技术 ／ 赵常青等编著．—
北京：中国农业出版社，2019.8
ISBN 978-7-109-23399-7

Ⅰ．①彩… Ⅱ．①赵… Ⅲ．①葡萄栽培–设施农业–
图解 Ⅳ．①S628-64

中国版本图书馆CIP数据核字（2017）第241114号

中国农业出版社出版
（北京市朝阳区麦子店街18号楼）
（邮政编码 100125）
责任编辑 浮双双 孟令洋

北京中科印刷有限公司印刷 新华书店北京发行所发行
2019年8月第1版 2019年8月北京第1次印刷

开本：880mm×1230mm 1/32 印张：7.5
字数：250千字
定价：48.00元
（凡本版图书出现印刷、装订错误，请向出版社发行部调换）